eビジネス新書

No.388

週刊東洋経済

ソニー
掛け算の経営

週刊東洋経済eビジネス新書　No.388

ソニー　掛け算の経営

本書は、東洋経済新報社刊『週刊東洋経済』２０２１年7月１7日号より抜粋、加筆修正のうえ制作しています。情報は底本編集当時のものです。（標準読了時間　９０分）

ソニー　掛け算の経営　目次

ソニーの現在地　グループ体制への変更で何が変わる？

「業績は確かに好調だ。しかし、いいことばかりではない」と、浮かない顔なのはソニーグループの中堅社員だ。所属するエレクトロニクス関連の部署で早期退職募集が相次いでいる。

商品設計を担当するソニーエンジニアリングでは2020年秋、カメラなどを扱う旧ソニーイメージングプロダクツ&ソリューションズと営業を担うソニーマーケティングでは同年12月に、45歳以上を対象とする早期退職募集が始まった。足元でもエレキ関連の部署で21年12月末までの早期退職募集が行われている。人員削減を進める理由についてソニー側は「エレキ事業では今後も安定した利益を創出できるよう、販売会社や製造事業所の一体運営を強化し、効率化に努めている」と説明する。

リストラを進める一方で、ソニーの業績は絶好調だ。21年3月期は6つの事業のうち、米中摩擦の影響を受けた半導体事業を除く5事業が増益。保有株式の評価益258億円を上乗せし、純利益が初めて1兆円の大台を突破した。

社員への還元も大盤振る舞いだ。21年度の年間ボーナスは労働組合側の要求を上回る7・0カ月分という、かつてない高水準に達した。4566億円もの最終赤字に沈んだ2012年3月期のどん底から約10年。苦労がようやく実を結んだ。

63年ぶりの社名変更

それでも冒頭のような人員削減を進めるのは、ソニーという「電機企業」が変身しているからだ。

2021年4月、ソニーは63年ぶりの社名変更に踏み切った。新しい社名は「ソニーグループ」。伝統ある「ソニー」の社名は、祖業であるエレキ部門の子会社に引き継がれた。これまで本社が行っていたエレキ事業は、ゲーム事業や音楽事業などと同様、グループ子会社の1つとなった。グループ本社は、全社を統括する機能に特化する。「(統括会社の)ソニーグループは連携強化に向けて、すべての事業と等距離で関わる」。吉田憲一郎社長は5月の経営方針説明会でそう宣言した。

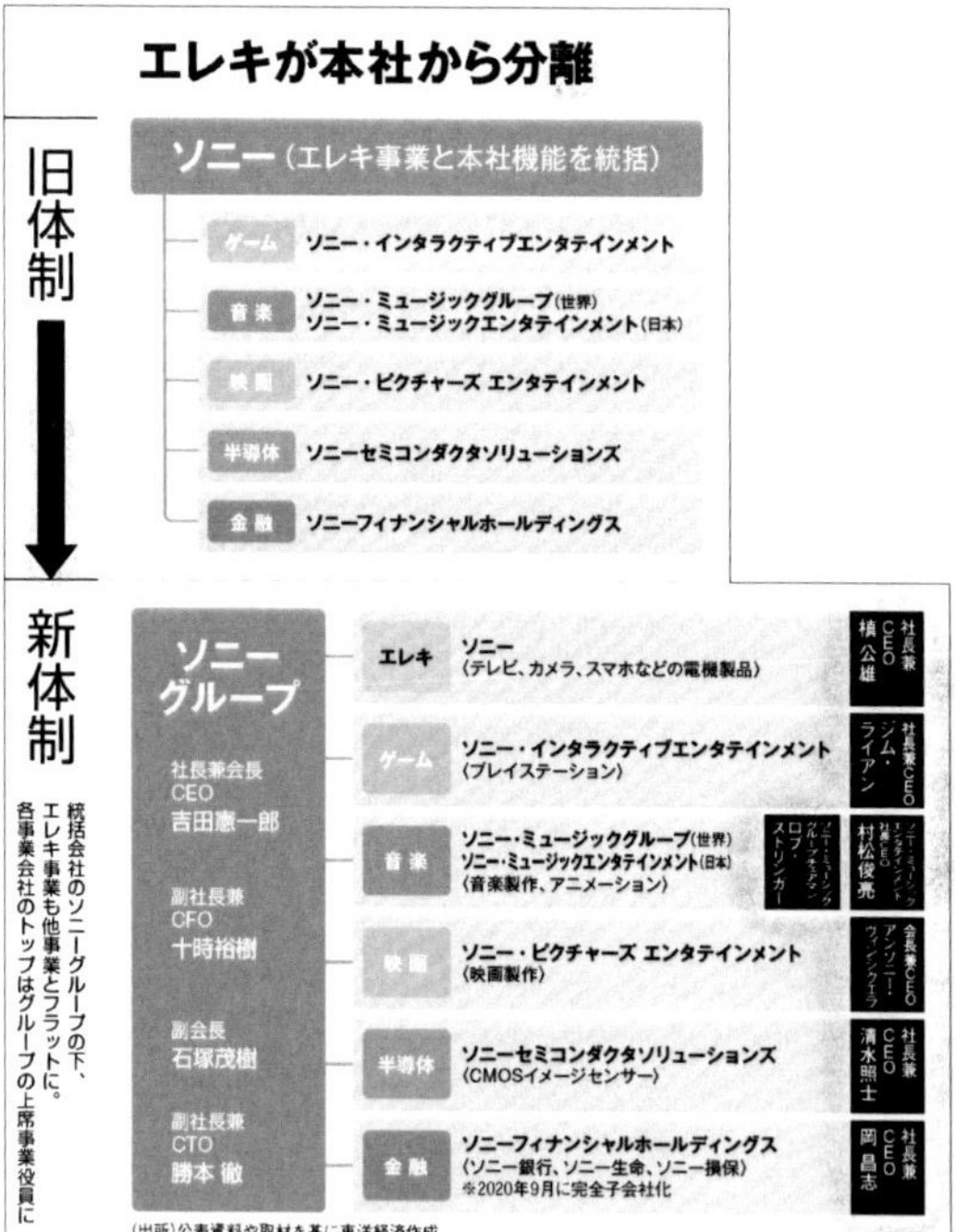
エレキが本社から分離
旧体制
ソニー（エレキ事業と本社機能を統括）
ゲーム　ソニー・インタラクティブエンタテインメント
音楽　ソニー・ミュージックグループ（世界）
ソニー・ミュージックエンタテインメント（日本）
映画　ソニー・ピクチャーズ エンタテインメント
半導体　ソニーセミコンダクタソリューションズ
金融　ソニーフィナンシャルホールディングス
新体制
統括会社のソニーグループの下、
エレキ事業も他事業とフラットに。
各事業会社のトップはグループの上席事業役員に
ソニーグループ
社長兼会長
CEO
吉田憲一郎
副社長兼
CFO
十時裕樹
副会長
石塚茂樹
副社長兼
CTO
勝本徹
エレキ　ソニー
〈テレビ、カメラ、スマホなどの電機製品〉
社長兼CEO 槙公雄
ゲーム　ソニー・インタラクティブエンタテインメント
〈プレイステーション〉
社長兼CEO ジム・ライアン
音楽　ソニー・ミュージックグループ（世界）
ソニー・ミュージックエンタテインメント（日本）
〈音楽製作、アニメーション〉
ソニー・ミュージックグループチェアマン ロブ・ストリンガー
ソニー・ミュージックエンタテインメント社長CEO 村松俊亮
映画　ソニー・ピクチャーズ エンタテインメント
〈映画製作〉
会長兼CEO アンソニー・ヴィンシクエラ
半導体　ソニーセミコンダクタソリューションズ
〈CMOSイメージセンサー〉
社長兼CEO 清水照士
金融　ソニーフィナンシャルホールディングス
〈ソニー銀行、ソニー生命、ソニー損保〉
※2020年9月に完全子会社化
社長兼CEO 岡昌志
（出所）公表資料や取材を基に東洋経済作成

これはソニーにおけるエレキ事業の地位低下を反映したもの。この10年でソニーの全体の売上高に占めるエレキ事業の比率は大きく下がった。ただ、組織変更にはこうした客観的事実以上の意味がある。

吉田社長は2019年1月、「クリエイティビティーとテクノロジーの力で、世界を感動で満たす」というフレーズを、エレキ事業にとどまらないソニーグループのパーパス（存在意義）と定義した。それぞれが独り立ちできる6つの事業群が1つの会社に集まっているのはなぜか。それを説明する概念だ。

「感動」を上位の目標として定め、それに向かって、フラット化した各事業を「掛け算」していく。それが今のソニーの戦略だ。

この10年でエレキ事業の売上高比率は大きく下がった

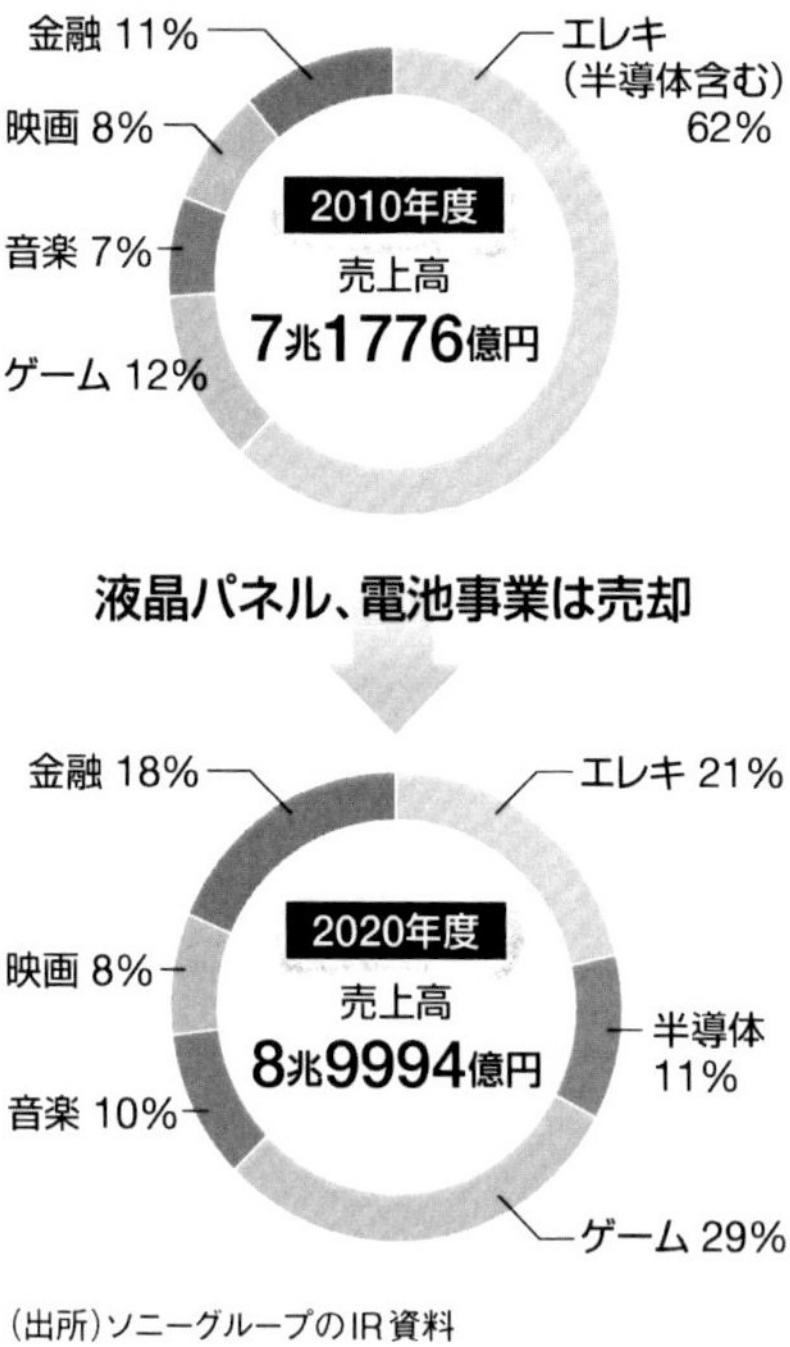

（出所）ソニーグループのIR資料

各事業同士の連携はすでに業績に結実しつつある。例えば、ミラーレスカメラ市場で圧倒的なシェアを誇る「α（アルファ）」シリーズは、その背景にソニーが持つ優れた半導体技術がある。ソニー損害保険では、AI（人工知能）技術を使った商品が人気だ。新規事業も「掛け算」が基準になっている。

代表例が、2020年に米ラスベガスで行われた展示会「CES」で発表された電気自動車「VISION－S（ビジョンエス）」だ。18年1月に犬型ロボット「aibo」を12年ぶりに復活させたAIロボティクスビジネスグループが手がける新プロジェクト。半導体事業で培ったセンサー技術のほか、スマートフォン「Xperia」の操作性や通信技術、得意のオーディオ技術を生かした車内空間づくりなど、ソニーの技術がこれでもかと詰め込まれている。

「掛け算」の事例はこれだけではない。東京・世田谷区の東宝スタジオには、映像制作技術「バーチャルプロダクション」の設備が導入されている。ソニーが造る大型LEDディスプレーに映像を映し、その前にセットを置いて演者が動くと、まるで現地でロケをしているかのような映像を作ることができる。

この設備は、ソニーの出資する米エピックゲームズが開発したゲームエンジンを使用している。演者の位置を測定し、背景を対応させることで、よりリアルな映像を撮影できる。自ら発光するＬＥＤの特徴を生かし、水たまりの反射や眼鏡による光の屈折といったものまで表現できる。

ほかにも、人気ゲームを、映画製作会社ソニー・ピクチャーズ エンタテインメントの手で映画化するプロジェクトも進行中。ここではゲームと映画、それぞれの会社のスタッフが１つの組織に集まって協業している。

ソニー・ミュージックエンタテインメントから生まれた２０年の大ヒット曲「夜に駆ける」。この原作となった小説を基にしたオーディオドラマでは、エレキ事業のオーディオ技術を活用した３６０度立体音響技術が採用されている。ぞっとするほどの臨場感が魅力だ。

このプロジェクトを担当するソニーミュージックの高山展明氏は「より生々しい、人間らしい要素を組み込めないか、コンテンツの面白さと技術の強みが一致する方法を考えた」と語る。

エンタメ系の買収次々

次々と生み出される「掛け算」事業。ソニーはエレキ企業からの脱却を強く意識している。

では、エレキ企業を超えたソニーを束ねる概念は何か。強調するのは「感動」。吉田社長の前任の平井一夫氏が打ち出した概念だ。単品売りで終わるのではなく、顧客の体験に訴求して事業を進めていく方針を示している。

その方向性は投資戦略にも端的に表れている。2010年代初頭の低迷期を脱し投資余力がついてきた近年、稼いだ資本の多くを投じたのが、エンターテインメント関連の出資だ。次表は12年以降の主な出資・M&A案件を示している。

エンタメ関連の出資が 相次ぐ

近年の出資・M&A案件一覧

年月	セグメント	金額	相手企業名	事業内容など
2012年6月	映画	約220億円	マルチスクリーンメディア	インドで映画や音楽、スポーツなどのチャンネルを運営。合弁相手から株式を32%取得し、持ち分を94%超に
7月	音楽	約250億円	EMI Music Publishing	ビヨンセやカニエ・ウェストなどの、130万を超える楽曲の著作権を保有、管理
7月	ゲーム	約300億円	Gaikai Inc.	ゲームをストリーミング配信するプラットフォーム（クラウドゲーム）を提供
9月	エレキ	約500億円	オリンパス	医療機器やカメラ事業で資本業務提携
14年6月	映画	約180億円	CSC Media Group	英国でケーブル局・衛星放送を通じてテレビ番組を放送している独立系のチャンネル会社
15年10月	半導体	非開示	Softkinetic Systems S.A.	イメージセンサーを用いた測距において有効なTime of Flight方式距離画像センサー技術と、その関連システムおよびソフトウェア
16年1月	半導体	約250億円	Altair Semiconductor	モバイル機器のLTE向けモデムチップ技術とその関連ソフトウェアを保有
8月	音楽	非開示	Ministry of Sound Recordings Ltd.	世界最大のダンス系レコードレーベル
9月	音楽	約758億円	Sony/ATV Music Publishing LLC	ソニーの米国での音楽出版部門とマイケル・ジャクソンのATV Music Publishingが合併してできた会社。持ち分を50%から100%に
17年2月	映画	約370億円	TEN Sports Network	南アジア、中東などでのスポーツ放映
8月	映画	約165億円	Funimation Productions, Ltd.	米国における日本のアニメコンテンツのライセンスおよび配信
18年5月	音楽	約204億円	Peanuts Holdings LLC	スヌーピーでおなじみの「ピーナッツ」（原作者：チャールズ・M・シュルツ）の作品権利を管理
7月	音楽	約319億円	Nile Acquisition LLC	EMI Music Publishingの持ち分約40%を保有
11月	音楽	約2622億円	EMI Music Publishing	クイーンやカニエ・ウェストなどの、200万を超える楽曲の著作権を保有、管理、持ち分を40%から100%に
19年8月	ゲーム	非開示	Insomniac Games, Inc.	PS4用ソフトウェアとして世界的ヒットを誇る「Marvel's Spider-Man」や人気タイトル「ラチェット&クランク」シリーズを手がける世界有数のゲーム開発会社
11月	映画	約414億円	Game Show Network, LLC	オリジナル番組を含む人気のクイズ番組を、米国のケーブルネットワーク経由で多くの会員に配信する
12月	映画	約213億円	Silvergate Media	「ピーターラビット」など子ども向けアニメの開発・制作。中国市場にも強い
20年4月	音楽	約436億円	Bilibili, Inc.	中国のZ世代を中心に支持される動画・アニメ配信プラットフォーム
7月	ゲーム	約268億円	Epic Games, Inc.	コンピューターゲーム、ソフトウェアの開発、販売
12月	音楽	約1222億円	Ellation Holdings, Inc.	300万人以上の定額動画配信サービス加入者を有するアニメ事業「Crunchyroll」
21年4月	音楽	約283億円	Som Livre	ブラジルの独立系音楽レーベル
4月	ゲーム	約220億円	Epic Games, Inc.	コンピューターゲーム、ソフトウェアの開発、販売。3億5000万以上のユーザーがいる「フォートナイト」を運営
5月	音楽	約453億円	Kobalt Music Group Limited の子会社	主にインディーズアーティストを対象とした音楽制作および配給事業である「AWAL」、グローバルな音楽の著作隣接権管理事業である「Kobalt Neighbouring Rights」
6月	音楽	非開示	Somethin' Else	音声メディア・ポッドキャストの番組制作
7月	音楽	非開示	Sesame Workshop	子ども向け番組「セサミストリート」の制作。同番組の国内使用権を取得

：エンタメ関連の出資・M&A

（注）金額は当時のレートで円換算したもの。傘下の金融事業、ソネット、ソニー・エリクソンの株式追加取得や完全子会社化は一覧から除いた （出所）ソニーグループのIR資料を基に東洋経済作成

2016年ごろから音楽、映画、ゲームといったエンタメ関連の買収案件が顕著に増えている。音楽レーベルやゲーム開発などコンテンツクリエート系のみならず、中国の動画配信プラットフォーム「ビリビリ」や、米国のアニメ配信サイト「クランチロール」（買収未完了）など幅広い領域に手を伸ばしている。こうした傾向は今後も加速させていく方針だ。

IP（知的財産）連携などを通して、傘下企業のクリエーターの作品を世界に届けるとともに、その作品の体験価値を高めるため、エレキや半導体などソニーのテクノロジーを活用する。そうした青写真を描く。

さらにソニーが5月の経営方針説明会で新たに打ち出したのが「DTC（Direct to Consumer）」、消費者との直接的なつながりの強化だ。ゲームのネットワークサービス「PSネットワーク」の月間アクティブユーザー1・1億人などを足すと、ソニーは現在世界中で1・6億人とエンタメで直接つながっているという。それを「10億人に広げたい」（吉田社長）。

10億人という数字について、テクノロジー担当の勝本徹副社長は「いつかこれくらいの人を感動させられたらいいねという思い。『いつか月に行きたい』というのと似たビジョンだ」と語る。

発信は試行錯誤が続く

ただ、こうしたビジョンに対しては「わかりにくい」という評も多い。吉田社長自身、「パーパスでどこまで経営方針を語れるかチャレンジした」と、5月の経営方針説明会の質疑応答で語っていた。

「世界を感動で満たす」「人に近づく」など抽象的な言葉の数々は、必ずしも十分に伝わらなかったようだ。6月には、「経営方針説明会で私が伝えたかったこと」と題した動画をコーポレートブログに掲載するなど、その発信は試行錯誤が続く。

吉田氏からは「10億人」や、電気自動車やドローンといった新分野への挑戦など、夢のある発言が増えてきた。落ち着いた物腰で、論理的と評される吉田氏だが、「楽しいことをするのがソニー」（元幹部）というDNAを生かす道を大胆に進み始めたのかもしれない。

（印南志帆、佐々木亮祐、高橋玲央）

INTERVIEW　ＣＴＯに聞く

「異業種間の技術交流が肝　エレキ中心からエンタメや金融も主役に」

ソニーグループ　副社長兼ＣＴＯ・勝本　徹

かつてソニーの技術は、主にエレキ事業の製品開発のために活用されていた。それが今は、ソニーが擁する６つの事業を結び付ける役割を果たしている。その現状を、技術部門で陣頭指揮を執る勝本徹副社長兼ＣＴＯ（最高技術責任者）に聞いた。

――異なる事業間での連携が進んでいます。

１０年ほど前のソニーは、エレキと半導体がポートフォリオ上の主役だった。したがって技術もそれらを起点に組み立てていた。それもあくまで単品売りの製品のためのもので、「きれいな画像」とか、「いい音にしよう」といった機能や性能の追究が中心だった。その頃も「エレキとエンタメのシナジー」とか「ハードとソフトの融合」とは言われていたが、エレキを中心に据えていた。

ところがここ3～4年は、（ともにエンタメ事業の）音楽と映画で新しいシナジーが出始めている。エレキとエンタメを組み合わせる場合でも、エンタメを主体として、そこにエレキの技術を応用する例が出てきた。

金融は一見シナジーが希薄に思えるかもしれないが、データ管理やデータセキュリティーにはブロックチェーンの技術を応用することができ、ソニーが持つテクノロジーとの親和性は高い。

あらゆる事業体がアメーバのように一緒に働き、お互いにしっかり議論をしながら、ソニーの持てる技術を応用していく体制が整った。ほかの会社ではなかなかこういうことはできない。

――エンタメにエレキの技術を応用した例とは？

例えばアニメ制作。昔はアニメを手で描いていたのが、今は人間がボディースーツを着て動き、それをモーションキャプチャー技術でアニメにするなどの取り組みも広まっている。映像作品の制作現場は急速に3次元化されている。こうしたコンテンツ制作に役立つ3次元のキャプチャリングや、アナログの世界をリアルタイムで把握する技術は、ソニーの（半導体技術である）イメージセンシングがいちばん得意なところだ。こうした連携例は意外とたくさん出てきている。

新しいもの生む原動力に

――ソニーが保有する技術の強みは何でしょう。

今、打ち出しているのが、リアルタイム、リアリティー、リモートの3つの技術を合わせた「3Rテクノロジー」だ。

「3R」を体現する技術の1つに、バーチャルプロダクションの取り組みがある。映画を作る際、キャラバンを組んでロケに行かなくても、LEDディスプレーに背景映像を映し出すことで、スタジオでロケをしたかのような映像が撮れるものだ。

実際に進めてみて、予想だにしなかった発見があった。われわれはディスプレーの映像ばかりを気にしていたが、現場のクリエーターたちは、ディスプレーの前に土をまいて草を生やすなど、リアルの空間に地道な工夫を凝らすことに夢中になっていた。

この光景を見たとき、バーチャル技術によってクリエーターにとって作業を効率よく、便利にすることだけではなく、彼らがワクワクし、新しいものを生み出す原動力となるものをつくることにこそ価値があると改めて確信した。

――制作の現場を目の当たりにすることで、新たな技術の使い道が生まれてくることもありそうです。

ソニーにはエンタメ事業があるから、現場との距離が近いのが利点だ。面倒な契約をしなくても、アーティストのライブにも、アニメや映画、音楽の制作現場にもすぐに飛び込める。

――専門性の異なる技術者同士が交流する機会もあるのでしょうか。

「技術戦略コミッティ」という、メカトロニクスからコンテンツまでさまざまな分野について技術者が集まって意見を交換する制度もある。ここ数年は、買収した会社や合弁で活動している会社の技術者も交えて、テクノロジーのコミュニティーをつくることに力を入れている。ここで触発されて、新しい技術が生まれることを期待している。

さらに2021年からは、各分野の優秀な技術者を「Corporate Distinguished Engineer」に認定し、経営戦略の基となる技術戦略の策定などを担ってもらっている。

――ボトムアップ型の技術戦略といえます。

1つのグループで6つもの事業を抱えていると、やはり個々の事業にはそれぞれのやり方や考え方、自尊心がある。トップダウンで、「(社長の)吉田が戦略を練ったから、それを実践しなさい」というやり方はソニーにはなじまない。それよりも、「今、こんなテーマで話をしているんだけれど、何かいいアイデアはないか」という議論がつねに起こっている状態をつくることを大切にしている。

――グループを束ねる幹部候補にも、多様な事業を組み合わせて戦略を考えられる力が求められます。

2000年から「ソニーユニバーシティ」という社内制度を設けた。毎年グループ全体から優秀なメンバーを集めて、経営幹部候補生として1年間学んでもらう。私もここで学んだが、その際に初めてエンタメや金融など、他部門の人と話したときの新鮮な驚きを、今でも覚えている。そこでの同期が、半導体事業トップの清水照士。ソニー・ミュージック元CEOの北川直樹もいた。

ここで出会ったメンバーとは、10年前にソニーの業績がどん底だったときにも「これからどうしようかね」とよく話し合った。今は私がそこの学長をしている。国籍や性別を超えたダイバーシティーを含め、いろいろな仕込みに挑戦したい。

――ソニーにとってテクノロジーとは。

ソニーは創業者の井深大や盛田昭夫が「テクノロジーで世の中をよくしたい」という思いで始めた会社だ。事業が多岐にわたるようになっても、ソニーとは切っても切れない、（競争力の）ベースになっている。世の中をよくして、感動と安心・安全を感じてもらうための大切な手段なのではないか。

（聞き手・高橋玲央）

勝本　徹（かつもと・とおる）

1957年生まれ。東京工業大学大学院修了後、82年ソニー入社。ソニー・オリンパスメディカルソリューションズ社長、ソニーイメージングプロダクツ&ソリューションズ社長、R&D・メディカル事業担当専務を経て2020年6月から副社長。同年12月からCTO兼務。

EV開発の真の目的

「これまでの10年のメガトレンドはモバイルだった。ここから10年はモビリティーだ」。ソニーグループの吉田憲一郎社長は、2020年1月の米ラスベガスでの見本市「CES」で電気自動車（EV）の「VISION-S（ビジョンエス）」を公開して以来、この言葉を経営方針説明会などで何度も繰り返している。

2010年代に、モバイル通信はフィーチャーフォンからスマートフォンへと移行した。それに伴い商品やサービス形態にとどまらず、プレーヤーや業界も激変した。

吉田社長は今後10年でモビリティー、すなわち自動車業界で似たような変化が起きるとみる。ガソリン車からEVへのシフトは、エンジンなど単なる鉄の塊だった自動車が、電化されてネットに接続した乗り物に移行することを意味し、自動車の定義が大きく変わろうとしている。

　こうしたメガトレンドの中で、米アップルや中国ファーウェイなどが続々とＥＶへの参入をもくろむ。ビジョンエスも２０年１２月から欧州の公道で走行実験を行う開発段階まで来ているが、開発を担当したソニーグループ常務でＡＩロボティクスビジネスグループ部門長の川西泉氏は、「今のところ量産の予定はない」と話す。車体を量産しないとすると、どこに商機があるとみているのか。

　ビジョンエスは、世界首位のシェアを誇るイメージセンサーをはじめ、ＬｉＤＡＲ（レーザーによる測距センサー）、スマートフォン「Ｘｐｅｒｉａ」で培った技術を生かしたダッシュボードなど、ソニーが持つ技術を結集して造られた。車載用のセンサーはすでにトヨタ自動車や日産自動車の車載カメラ向けに供給されている。

　ただ、こうした部品を切り売りすることだけが開発の最終的な目的ではなさそうだ。川西氏は「ＥＶ化の中で大きな技術的課題になっているのが、車の電気系統をどう再構築していくかだ。技術的に非常に面白い領域であり、うちもこうした取り組みを行っている」と明かす。まだ試行錯誤を繰り返している段階というが、そこでソニーの強みを発揮できる可能性が高いとみているのだ。

車載ビジネスは、これまでソニーが得意としてきた民生用の電化製品とは製品のライフサイクルや求められる耐久性が大きく異なる。ビジョンエスは「社会インフラになりうるものをつくるだけの開発力、体力を持つことへのチャレンジ」（川西氏）という位置づけだ。

「技術の出口」として開発

ＡＩロボティクスビジネスグループは、ビジョンエスのほかにも、２０１７年に犬型ロボット「ａｉｂｏ」、２１年6月に映像クリエーター向けドローン「Ａｉｒｐｅａｋ」を発表。いずれもＡＩ（人工知能）を頭脳、ロボティクスを身体として、自律的に動くものだ。ドローンは、まずは空撮用として9月に発売する予定。ミラーレスカメラ「α（アルファ）」の搭載も可能だ。

ドローンを開発した背景について川西氏は「カメラの事業部、イメージセンサーの事業部、R&D（研究開発）チームの技術を持ち寄って、その技術の1つの出口を考えた結果、空撮向けが最適だった」と明かす。市場がすでにある領域に向けての開発ではなく、自社の技術を結集してどんな面白いことができるか考え、そこに合う市場を探す考え方だ。

「面白そう」「つくりたい」という思いを出発点に開発するからこそ、既存の枠組みにとらわれない製品を世に出すことができる。その先は実際に使った利用者の意見を聞き、ブラッシュアップしていけばいい。こうした柔軟な開発思想が、今後もソニーのイノベーションを支えていく。

（佐々木亮祐）

「半導体を売って終わりじゃない」

ソニーグループ常務　ＡＩロボティクスビジネス担当・川西　泉

――ＡＩロボティクスビジネスグループの使命は何ですか。

吉田（社長）とよく話すのは、物理的に存在するもので、かつ置物よりも動き回るものをつくりたいということ。動き回るものには本能的に視線が集まる。これまでつくってきたのも、ａｉｂｏは自律歩行、ＥＶは自動運転、ドローンは自律飛行と、動くものばかりだ。

ＡＩとロボティクスを簡単な言葉に置き換えると知力と体力だ。頭がよくても体がついていかないとダメで、ソフトウェアと機械的な部分とのバランスが重要だ。

――EVの「ビジョンエス」を試作しています。完成車メーカーや部品メーカーの反応はいかがですか。

新しいアプローチでモビリティーを考えてくれるという期待を感じる。長らく自動車を造ってきた方々は、従来の延長線上でものをつくるし、それが安心・安全につながる。一方、当社はこうしたしがらみがない分、新しい価値観や体験を導入しやすい。安心・安全とのいいとこ取りにチャレンジしたい。

――量産をする予定はありますか。

絶対にしないと断言はできないが、今のところ予定はない。

――すると、どこに商機があると考えていますか。

これまでも半導体事業では車載センサーを売ってきた。今後も伸ばしていくための実験を、ビジョンエスを使って進めていく。ほかにもビジョンエスの部分的な機能の切り売りをしてほしいという依頼はたくさんいただくが、どういう形が最もしっくりくるかはもう少し手応えを感じてから結論を出したい。むしろ関心があるのは、ＥＶ開発でポイントとなる車の電気系統のアーキテクチャーそのものだ。

普通のエンジンやトランスミッションを積んだ車なら、当社は参入していない。自動車が電化することで初めて貢献できる。電気部品が増えると、ソフトウェアによる制御ができ、造りやすいからだ。

――ＥＶには、スマートフォンで培った技術が活用されています。

次世代自動車は、基本的にインターネットに接続するだろう。すると、スマホの技術がそのまま使える。例えば、ビジョンエスのダッシュボードにはアンドロイドＯＳを搭載している。当社だから難なく造れたが、これを自動車メーカーが一からやるのは大変だ。

（聞き手・佐々木亮祐）

川西　泉（かわにし・いずみ）

１９６３年生まれ。８６年ソニー入社。旧ソニー・コンピュータエンタテインメントで携帯ゲーム機やソフトウェア開発を担当。ＦｅｌｉＣａ企画開発部門長、モバイル事業の取締役などを経て、２０１６年からソニー執行役員。２１年６月から現職。

業績不振時も研究開発費率は維持

特許が示すソニーの強み

家電からアニメや金融まで手がける複合企業のソニー。昨今はエンターテインメント事業の躍進が目立つが、技術的にはいかなる分野に強みがあるのか。ソニーが保有する特許で見ていこう。

放送・通信関連の特許が多い
—2000年以降に出願された分野別特許件数—

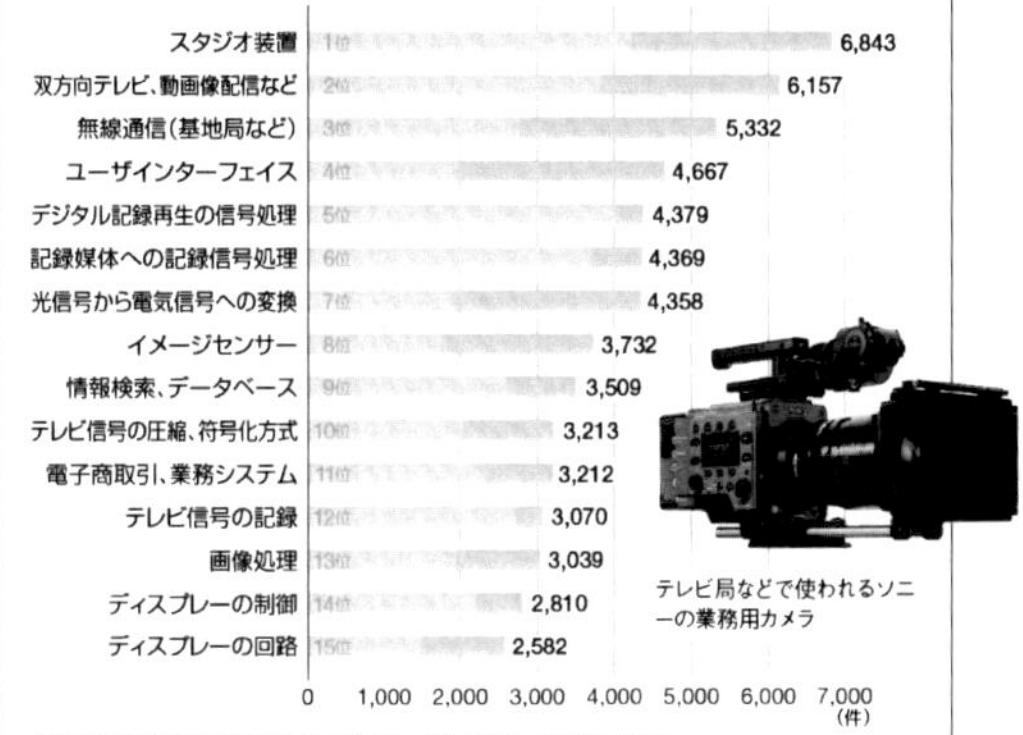

テレビ局などで使われるソニーの業務用カメラ

(注)複数の国に複数の出願をしていても、同一内容の発明ならば1件と数える
(出所)パテント・リザルトの調査を基に東洋経済作成

最近は医療機器と自動車関連の特許出願が増加
—ここ5年間の特許出願比率が高い分野—

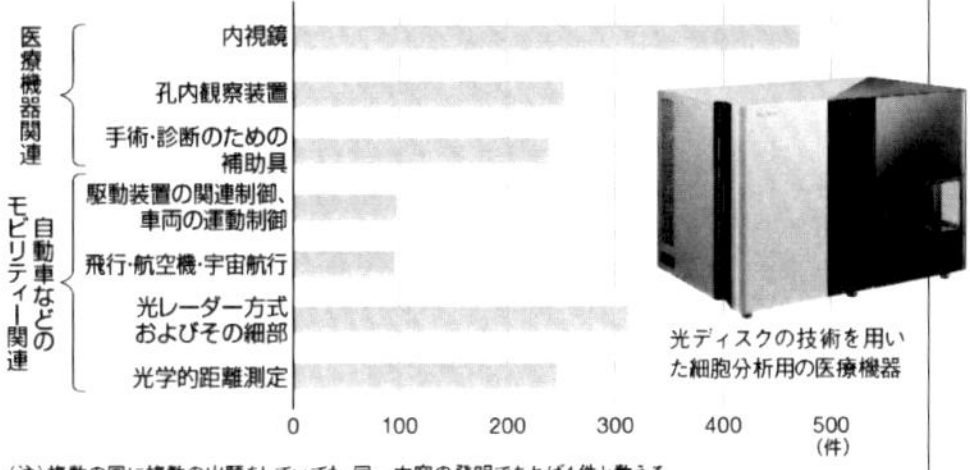

光ディスクの技術を用いた細胞分析用の医療機器

(注)複数の国に複数の出願をしていても、同一内容の発明であれば1件と数える
(出所)パテント・リザルトの調査を基に東洋経済作成

前図の上は、ソニーグループが2000年以降に世界で出願し、今も有効な特許を、分野別に件数が多い順で並べたものだ。出願件数が6843と最も多いのが、スタジオ装置だ。ソニーは1958年から放送局などで用いられる業務用放送機材を展開しており、市場シェア首位。関連特許を多く握っているのもうなずける。2位の「双方向テレビ、動画像配信など」というのも放送関連だ。3位の「無線通信」とは、スマートフォンなどモバイル用の通信システムのこと。1~3位はいずれもエレキ関連の特許で、ここ数年を見ても積極的に新しい特許が出願されている。

7、8位には、半導体関連の特許が入った。ソニーが4割以上の市場シェアを握るCMOS画像センサーは、スマートフォンのカメラなどに用いられ、取り込んだ光を電気信号に変換することから「機械の目」といわれる。ここ10年でも積極的に出願されている。

対照的なのが、5、6、12位にあるテレビ録画に関する特許。件数こそ多いが、経年での推移を見ていくと、10年以降の出願件数は少ない。75年にビデオ録画機「ベータマックス」を発売し、パナソニックと映像録画規格の争い「ビデオ戦争」を繰り広げたソニーだが、16年に出荷を停止。今も有効な特許件数は多いが、注力分野からは外れたといえる。

自動車、医療関連が激増

近年急に出願が増えているのはどんな分野か。同じく前図の下は、ここ5年の特許出願比率が高い分野を抽出したものだ。内視鏡などの医療機器系、自動車やドローンなどのモビリティー関連、レーダーや光学的距離測定など、自動運転などに使われるセンサー技術が挙げられる。いずれもソニーが新規事業として力を入れる分野だ。

ソニーは12年にオリンパスと資本業務提携し、ソニーの画像技術を生かした内視鏡や手術用の顕微鏡などを開発してきた（19年に全オリンパス株を売却し、現在は業務提携のみ）。最近では、ディスクの読み取り機能などを応用し、再生医療の研究に使える細胞分析装置なども開発している。

モビリティー関連の特許の拡大は、20年に発表されたEV「VISION－S」など、自動運転車向けの技術やドローンなどの開発に力を入れていることの証左になる。

一口に特許といっても、競争力は千差万別だ。他社の特許取得や商品開発を妨げるほど、注目度は高くなる。

画像センサー関連の特許が躍進
―2021年時点の米国での主な特許―

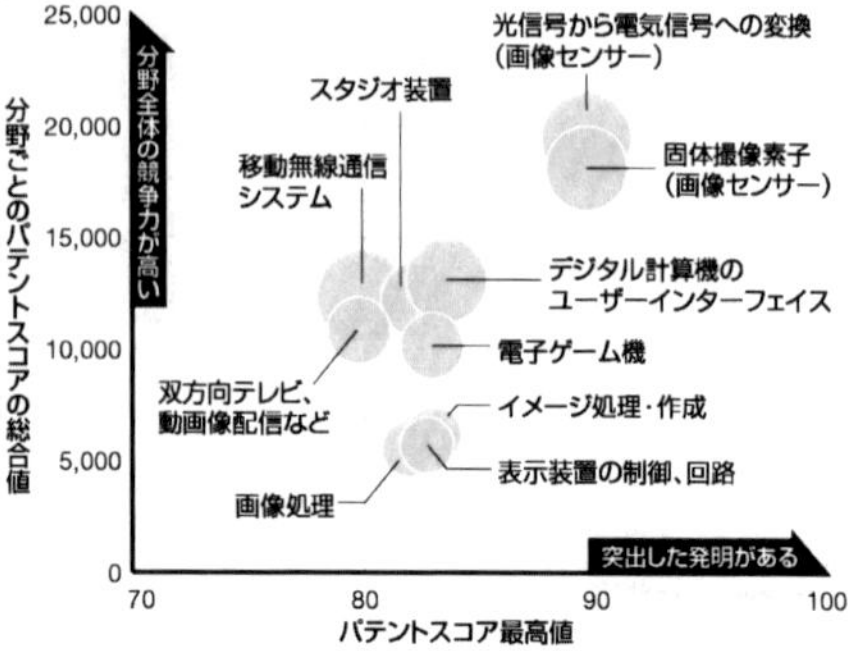

（注）2021年4月末時点　（出所）パテント・リザルトの調査を基に東洋経済作成

画像センサーの特許は、ソニーが他社を圧倒
―米国で出願された画像センサー関連の特許（企業別）―

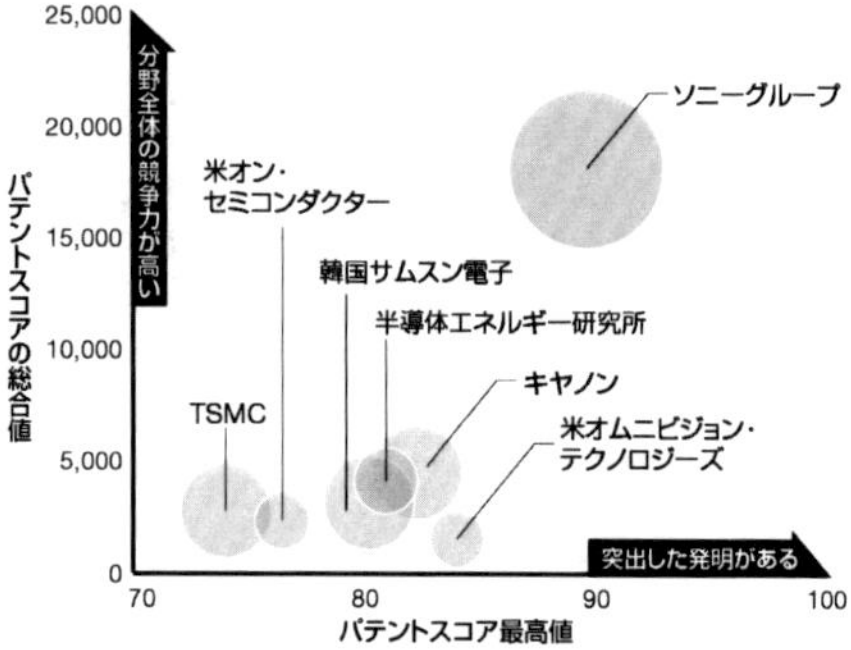

（注）2021年4月末時点　（出所）パテント・リザルトの調査を基東洋経済作成

前図の上は、ソニーの主要特許の競争力を「パテントスコア最高値」と「パテントスコアの総合値」の2つの指標で示したものだ。円の大きさは分野の特許件数を示す。パテントスコアとは、個別特許の注目度を指標化したもので、横軸の右に行くほど、その分野の中で突出した発明の特許がある。パテントスコアの合計値が高く、縦軸の上に行くほど分野全体の競争力が高い、というわけだ。

ここからわかるのは、画像センサー関連の特許が、個々の特許に対する注目度の高さでも、分野全体の競争力でも高い水準にあるということ。画像センサー関連の特許を多数持つ他社と比較した前図の下からも明らかだ。出願件数、突出性、総合力のすべてにおいて、競合の韓国サムスン電子や米オン・セミコンダクターなどを凌駕している。

業績不振に陥っていた12～15年でも、ソニーは売上高研究開発費比率（金融除く）を6～7％と一定水準で維持してきた（20年度は7・2％）。こうして蓄積されてきたエレキ発の技術力は、さまざまな領域での挑戦をするうえで重要な足がかりとなっている。

（データ分析・特許分析会社　パテント・リザルト）

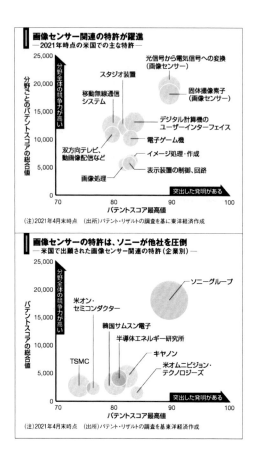

ネトフリ、ディズニーと配信契約

協業で狙う映画の収益安定化

デジタルメディアウォッチャー・大原通郎

ソニーを代表する映画といえば、「スパイダーマン」だろう。突然、クモのような特殊能力を得た主人公が、縦横無尽に動き回って敵を打ち破る奇想天外な物語だ。

そのスパイダーマンの最新作「スパイダーマン：ノー・ウェイ・ホーム」が2021年の冬に全米で公開される。このスパイダーマンはもともと、米マーベルコミックスの人気ヒーローだった。そのマーベルが経営不振に陥ったことから、1999年にスパイダーマンのほかアイアンマンなど5つの人気コミックの映画化権をソニーに売りたいと申し出た際、ソニーはスパイダーマンのみを1000億円で購入。それが功を奏し、その後の映画の大ヒットにつながった。

ソニー・ピクチャーズ エンタテインメント（SPE）は21年4月、このスパイダーマンを売りに、自社映画の配信権を米ウォルト・ディズニーに供与する契約を締結。今後制作される「スパイダーマン」の米国内での配信権を、ディズニーに与えることが決まった。人気の「ジュマンジ」や「モンスター・ホテル」などの旧作映画も対象で、早速ディズニー傘下の動画配信サービス「Hulu」や「Disney+」で一部の配信が開始される予定だ。

同じくこの4月には米ネットフリックスとも公開後映画の配信契約を結んだ。スパイダーマンから派生した「モービウス」、「ヴェノム」の続編、ソニーのゲームが原作の「アンチャーテッド」など、ソニーが2026年までに公開する予定の映画が対象である。契約期間は2022年から5年間で、劇場公開後の映画が順次ネットフリックスで配信されることになる。

米国ではここ数年、ケーブルテレビや衛星放送に代わり映像のストリーミング配信が大きな潮流となってきた。映像制作においてはソニーの競合相手でもあるディズニー、ネットフリックスと提携した真意はどこにあるのか。

苦い過去の失敗

実はソニーも2015年にストリーミング配信に参入したが、うまくいかずに20年1月に撤退している。プレイステーション上でインターネットにつないで映像作品が見られる「PSビュー」というサービス名で、自社の映画やテレビドラマを米国のみで月額40ドルほどで提供していた。しかし、加入者が増えなかった。

今回のネットフリックスやディズニーとの提携によってソニーは、競合がひしめくストリーミング配信市場で自身が配信プラットフォーマーになるのではなく、ソニーが持つ人気コンテンツを有力な配信サービスに提供する戦略へと転換したといえる。

SPEの業績は、これまで大型の劇場映画がヒットするか否かで波があった。それが、こうした配信サービス向けの供給拡大をはじめ収益源の複線化により、安定的な収益を上げられるように変わってきている。実際、20年度はコロナ禍で映画館での収入が激減したが、それでも前期を上回る営業利益を確保している。

テレビ事業にも力を入れる。ソニーは、AXNやアニメのアニマックスなど、有力チャンネルの世界展開を進めてきた。これらは加入者から視聴料を徴収したうえで広告収入も得られるビジネスであり、収益性は高い。人気が高まれば、番組派生のキャラクター商品の販売も伸びる。ソニーが注力するリカーリングモデルの模範例だ。

SPEは、世界80カ国以上で放送事業を展開し、多数のチャンネルを運営している。リーチしている加入者の総数は約9億人に達する。とりわけインドは放送事業の最大の柱で、収益の多くを稼ぎ出すドル箱市場である。

SPEはインド人に最も人気のあるスポーツ、クリケットのプレミアリーグの放映権を握っており、ここで獲得した視聴者をAXNなどほかのチャンネルに誘導する戦略が好循環を生んでいる。

テレビ番組の制作にも積極的だ。米国の3大ネットワークであるABC、NBC、CBSのほか、ケーブルテレビ局、最近ではネットフリックスなどネット配信事業者も顧客とする。ソニーは自前の放送局を持たないため、放送局の制約から自由なクリエーターを多く抱えており、その制作力を生かしてさまざまな放送局にフリーハンドで番組を供給できる強みを持っているのだ。

映画事業の歴史

ソニーがハリウッド映画大手の一角、米コロンビア・ピクチャーズを買収したのは、創業者である井深大氏、盛田昭夫氏の後継者、大賀典雄氏がCEOだった1989年のこと。コロンビアの買収は米国内で大反響を巻き起こし、『ニューズウィーク』は「日本、ハリウッドに進攻」とセンセーショナルに取り上げた。

50年代に米国に進出したソニーは、ラジオ、カラーテレビなどホームエンターテインメントのほかウォークマンなどのヒット作を次々に投入し、米国家電市場にソニーブームを巻き起こしていた。しかし75年に投入したビデオテープレコーダーの最新鋭機「ベータマックス」は、映像資産を多く持つハリウッドの反発を呼び起こした。映像がいったん録画されたら、番組や映画の再放送・再上映の需要が激減し、ハリウッドビジネスに損失をもたらすと受け止められたのだ。そして当時のMCA／ユニバーサルから、ベータマックスが著作権法違反に当たると訴訟を起こされたのである。8年もの裁判の末、ようやくソニーが勝訴した。

このとき、ソニーは技術的に優れた電化製品と特許だけで米国を制することはできないと痛感した。ある製品のフォーマットを消費者に浸透させるためには、映画や音楽など魅力的なソフトを手に入れることがどうしても必要だ。こうしてコロンビアの買収を決断した。コロンビアでは、当初招いたトップが放漫経営を続け、多額の費用を私的に使うなど危うさも目立った。しかし、出井伸之社長の下で経営改革を断行し、何とか立て直した。

こうして事業領域を拡大したソニーは21年、経営方針として「10億人の顧客と直接つながる」ことを目標に打ち出した。映画事業は劇場からテレビまであらゆる媒体へ、ソニーの映像コンテンツを提供する重要な役割を担う。稼ぎ頭のゲーム事業とのシナジーも大きい。映画事業が、ゲームや音楽に続く収益柱になることも不可能ではない。

大原通郎（おおはら・みちろう）

1954年生まれ。早稲田大学卒業後NHK入社。BS放送の発足に参画した後、TBSに移籍しニューヨーク特派員。2014年、TBS退職。近著に『ネットフリックス vs. ディズニー』。

止まらないPSの快進撃

コロナ禍で現実世界の活動が制限される一方、バーチャルな世界へ行けるゲーム業界には追い風が吹き続けている。

ソニーもその恩恵を強く受けた。2021年3月期のゲーム部門の営業利益は前年同期比43%増となる3422億円。過去最高を更新した。巣ごもり需要の拡大を背景に、ゲームソフトのダウンロード販売が好調だった。

特筆すべきは、7年ぶりの新しいゲーム機「プレイステーション（PS）5」の発売年度だったことだ。これまでは新ゲーム機の発売年度は多額の開発費や宣伝費がかかるため、必ず赤字に陥っていた。それが初年度に最高益を更新するという快挙を達成した。

単なる巣ごもり需要による追い風参考値ではない。

「われわれのビジネス構造が強固になったことを意味している」

ゲーム事業を統括するソニー・インタラクティブエンタテインメント（SIE）のジム・ライアン社長は5月の投資家向け説明会で、変化するソニーのゲームビジネスについて説明した。

「逆ザヤ」を解消

まず、PS5本体の採算性が改善している。通常、新ゲーム機の発売時は、製造コストが販売価格より高くなる「逆ザヤ」が発生する。発売後数年かけて製造コストを下げ、これを解消する。だがPS5は部品構成の工夫などにより、発売8カ月後の21年6月には早々と逆ザヤを解消した。新ゲーム機が売れれば売れるほど赤字が膨らむ悪循環を断ち切ったのだ。

さらに重要なのは、本体以外の関連収益の拡大だ。ゲーム部門におけるゲーム機本体の売上比率は2014年3月期には48％もあった。これを21年3月期には20％まで低下させた。この間、ソフト販売だけでなく、通信で対戦などができるネットワークサービスも拡大した。つまり、ゲーム部門における収益源が多様化し、ゲーム機販売の傷を補ったのだ。

ゲーム機本体の売り上げに依存しボラティリティー（変動率）の大きかったゲーム事業が、継続的に安定収益を稼ぎ出せるようになったのはなぜか。

カギの1つは、人気ソフトの創出だ。SIEは近年、自社ソフトの開発スタジオを強化している。20年5月には新たなブランド「PSスタジオ」をスタート。前身のSIEワールドワイドスタジオを発展させる形で、世界中にある13のゲーム制作会社がPS向けゲームを開発する体制を整えた。

「スーパーマリオ」など超巨大タイトルを持つライバルの任天堂と比べ、SIEは見劣りするが、高精細で迫力のある画像や、濃密なストーリーを売りにして、ヒットを増やしている。例えば、映画のような作りで登場人物の複雑な心境を描き出した「The Last of Us Part II」は、発売後3日で400万本の売り上げを記録した。

ＰＳスタジオはゲーム機として高いスペックを誇るＰＳの能力を引き出す役割も果たす。ＰＳ５の購入時にインストールされているソフト「ASTRO's PLAYROOM」は、砂や氷の上を歩いているような触覚を生み出すコントローラーの新技術や、高速でのデータ読み出しといった機能を体験できる。このソフトは、ＰＳスタジオの１つである「Team ASOBI」が手がけた。

これまで新ゲーム機発売当初はスペックを十分に生かしたソフトを開発できないことが多かった。だがＰＳスタジオをスタートさせたことで、ゲーム機の開発段階から新しいスペックを理解したソフトを開発できるようになった。

自社スタジオからヒット作が出始めた
—主なPSスタジオとその代表作—

スタジオ名	設立・加入年	代表作
Naughty Dog	1984年	The Last of Us Part Ⅱ、アンチャーテッドシリーズ
Bend Studio	非開示	Days Gone
ポリフォニー・デジタル	1984年	グランツーリスモシリーズ
Santa Monica Studio	1999年	ゴッド・オブ・ウォー
San Diego Studio	2001年	MLB The Showシリーズ
London Studio	2002年	Blood & Truth、PlayStation VR WORLDS
Guerrilla	2005年	Horizon Zero Dawn
Media Molecule	2010年	Dreams Universe、リトルビッグプラネットシリーズ
Sucker Punch Productions	2011年	Ghost of Tsushima、インファマスシリーズ
Pixel Opus	非開示	アッシュと魔法の筆
Insomniac Games	2019年	ラチェット&クランクシリーズ、Marvel's Spider-Man
Team ASOBI	2021年	ASTRO's PLAYROOM、ASTRO BOT: RESCUE MISSION
Housemarque	2021年	Returnal

（出所）取材を基に東洋経済作成

急伸する定額サービス

ソフトの強化とともに、力を入れているのがネットワークサービスの拡充だ。デジタル技術が発展し、多数のプレーヤーが仮想空間で同時にゲームできる環境が広がってきた。ＰＳでは、月額８５０円の「ＰＳプラス」の会員になれば、ネットワーク対戦が可能。対戦以外に、過去のゲームを無料ダウンロードできるサービスも会員特典として展開している。これらの結果、２１年3月末の会員数は４７６０万人と、この1年で５００万人増加した。継続的に課金できるネットワークサービス会員の増加は収益の安定化につながる。

今後は、フリー・トゥ・プレイ（Ｆ２Ｐ）も強化する。ゲーム自体のダウンロードは無料だが、ゲーム内のアイテムなどに課金することでＳＩＥが収益を得るビジネスモデルのことだ。オンライン販売サイトであるＰＳストアの売り上げのうち、Ｆ２Ｐの割合はすでに２５％を超えている。Ｆ２Ｐは、その手頃さから「プラットフォームの起爆剤」（ライアン社長）と位置づけられるもので、新規顧客開拓の足場になりつつある。

とはいえ、競合であるスマートフォンゲームが拡大し、ゲーミングPCも急速に普及が進んでいる。また、PS5は初年度販売台数が780万台と好調な滑り出しだったものの、供給不足問題も引き起こした。これらがビジネスをつまずかせる可能性について、SIE自身は、悲観していないようだ。

PSにはまだ進出していない市場が膨大にあるからだ。現在は日本や北米、欧州が中心。これらの地域でSIEの売り上げの9割弱を占める。中国など巨大市場への進出が進めばさらなる成長が見込めると踏んでいる。

中国では5月にPS5を発売。事前予約は3分で完売するという熱狂ぶりだった。今後こうした市場でも日本のような強固な地位を築けるのか。それが、ソニーのゲーム事業の快進撃がどこまで続くかを占う。

（高橋玲央）

ヒットが生まれ、育つ必然

音楽業界はソニーミュージックの独り勝ち――。他社の関係者から、うらやむ声がよく聞かれる。実際、ビルボードジャパンが発表する、年間ヒットチャート「Billboard Japan Hot 100」によると、2020年にヒットした上位10曲のうち、ソニーミュージックグループに所属するアーティストの楽曲が4曲を占めた（集計期間は2019年11月25日〜2020年11月22日）。

年間1位の「夜に駆ける」は、2人組ユニット・YOASOBIのデビュー作だ。ソニーミュージックが運営する小説投稿サイト「monogatary.com」に投稿された小説を基に、Ayaseが作詞・作曲し、女性ボーカルのIkuraが歌った。小説が原作という斬新なコンセプトや、厭世的な世界観が若者の心に刺さり、定額で音楽が聞き放題のストリーミングサービスや、動画投稿サイトのユーチューブなどを通じ、爆発的にヒットした。

ＹＯＡＳＯＢＩに加え、アニメ「鬼滅の刃」の主題歌を歌ったＬｉＳＡや、Ｋｉｎｇ Ｇｎｕ、米津玄師など、多くのヒットアーティストを世に送り出す。

その秘訣について、業界関係者は「規模と総合力があるから、短期的な利益にとらわれず、多様なアーティストを発掘・育成できる」と指摘する。小説を楽曲化するという、まったく新しい、売れるかわからない企画であっても、人材や予算を惜しまない。ヒットの種をふんだんにまいているのだ。ソニーミュージックＯＢで音楽著作権管理会社・ＮｅｘＴｏｎｅのＣＥＯを務める阿南雅浩氏は、「効率だけを考えれば不採算のジャンルはリストラすべきだが、たとえ儲からなくても、リーディングカンパニーとして音楽文化を担っているプライドを感じる」と話す。

出た芽を大きく育て花を咲かせるには、マーケティング力も欠かせない。音楽流通はＣＤが中心だったが、今やストリーミングや動画サイトを通じた音楽配信の比率が高まり、ツイッターなどのＳＮＳをどう使いこなすかが重要だ。

ファン目線のSNS

ＳＮＳ運用というと、専門的に担当する「中の人」が存在するイメージがある。しかしソニーミュージックでは、現場のスタッフが担当アーティストのＳＮＳを更新することがほとんどだ。

例えば、「この楽曲の再生回数が１００万回を超えました」などと、アーティストに最も近いスタッフがＳＮＳに投稿する。ビルボードジャパンの礒崎誠二氏は、「アーティストが成長していくことを一緒に楽しむのが、日本のファンの特徴」と語る。アーティストのそばにいる社員が発信することで、業務連絡のような告知ではなく、空気感、温度感を伴った情報共有になり、ファンは親近感を持って受け取ることができる。

新人発掘やマーケティングで試行錯誤しながら得たノウハウを、ほかのジャンルや事業に「移植」するのも得意だ。人事異動が比較的頻繁に行われ、さまざまな情報共有が可能になっている。「社風としてフットワークが軽い。自分が興味を持つ分野であれば、担当でなくてもそのプロジェクトに関われる」（礒崎氏）。職掌や担当にとらわれず、興味や知見を持った人が気軽に参加したり、助言したりできる文化があるようだ。

ＹＯＡＳＯＢＩも、小説投稿サイトと新人アーティスト開発の掛け合わせが新しいヒットにつながった。「monogatary.com」を運営する屋代陽平氏が、同期入社で音楽制作に携わっていた山本秀哉氏を誘って始まった事業だ。フットワークの軽さが生きた結果だろう。

音楽制作だけでなく、ライブ運営やアニメ制作・配信、モバイルゲームまで幅広くエンターテインメント事業を手がけるため、さまざまな知見を持った人が至る所にいる。そうした人材が活発に交流し、新しい掛け合わせをすることによってヒットが生まれる。

このような状態を、ソニーミュージックのある関係者は「ノウハウの玉手箱」と評する。前出の同社ＯＢ阿南氏も、「出世競争や業績達成でギスギスした感じはほとんどなかった。上下関係も緩く、下の立場の人でも遠慮なく物が言える環境」と話す。自由に発言できる心理的安全性があるからこそ、異動や交流によって知の掛け合わせが起きるのだろう。

多様な可能性を探索し、当たったものを深掘りしていく「ヒットの好循環」を、自然体で実現している。

（佐々木亮祐）

イメージセンサーで首位独走

半導体「日本一」の持続力

「モバイルとモビリティーのキーデバイスであるCMOSイメージセンサーを、国内で生産することに大きな意義を感じる」

長崎県諫早市の丘陵地。ここにソニーグループの半導体製造拠点「長崎テクノロジーセンター」がそびえる。2021年4月に新棟が完成し、新たな生産ラインの稼働が始まった。吉田憲一郎社長は竣工式で、経済産業省九州経済産業局長や長崎県知事を前に冒頭のようにあいさつした。今後さらに拡張を進める予定で、すでに工事も始まっている。ソニーは、18年度からの3年間で5800億円の設備投資を行った。これを超える投資を今後3年間で計画している。

もともと、カメラなどソニーのエレキ製品向けが中心だった半導体事業。画像関連では高い技術を有していたが、外販の比重は現在ほど大きくはなかった。しかも2000年代後半には、ゲーム機プレイステーション3向けが量は出たものの採算は悪く、事業売却が検討されるありさまだった。

そんな中、まだ発展途上だった裏面照射型CMOSイメージセンサーへのシフトを思い切って進めた。それが米アップルのiPhoneに採用されるなどスマートフォンのカメラ向けに大当たり。ソニーの屋台骨の事業の1つに躍り出た。今やイメージセンサー市場でおよそ半分のシェアを握り、その地位は盤石だ。

スマホカメラの高性能化や多眼化による市場拡大もあり、ソニーの半導体関連売上高は13年度の3000億円台から20年度には1兆円超にまで成長している。現在、半導体売上高が1兆円を超える日本企業は、ソニーとキオクシア（旧東芝メモリ）しかない。かくしてソニーは「日の丸半導体」のエースになった。

1980年代に世界シェアの過半を占めた日本の半導体産業は、その後の戦略ミスでライバルとの競争に敗退。現在のシェアは10％程度にまで落ち込んでいる。東芝、NEC、日立製作所といった主要プレーヤーたちが軒並み上位から姿を消す中、ソニーは特異な存在として生き残った。

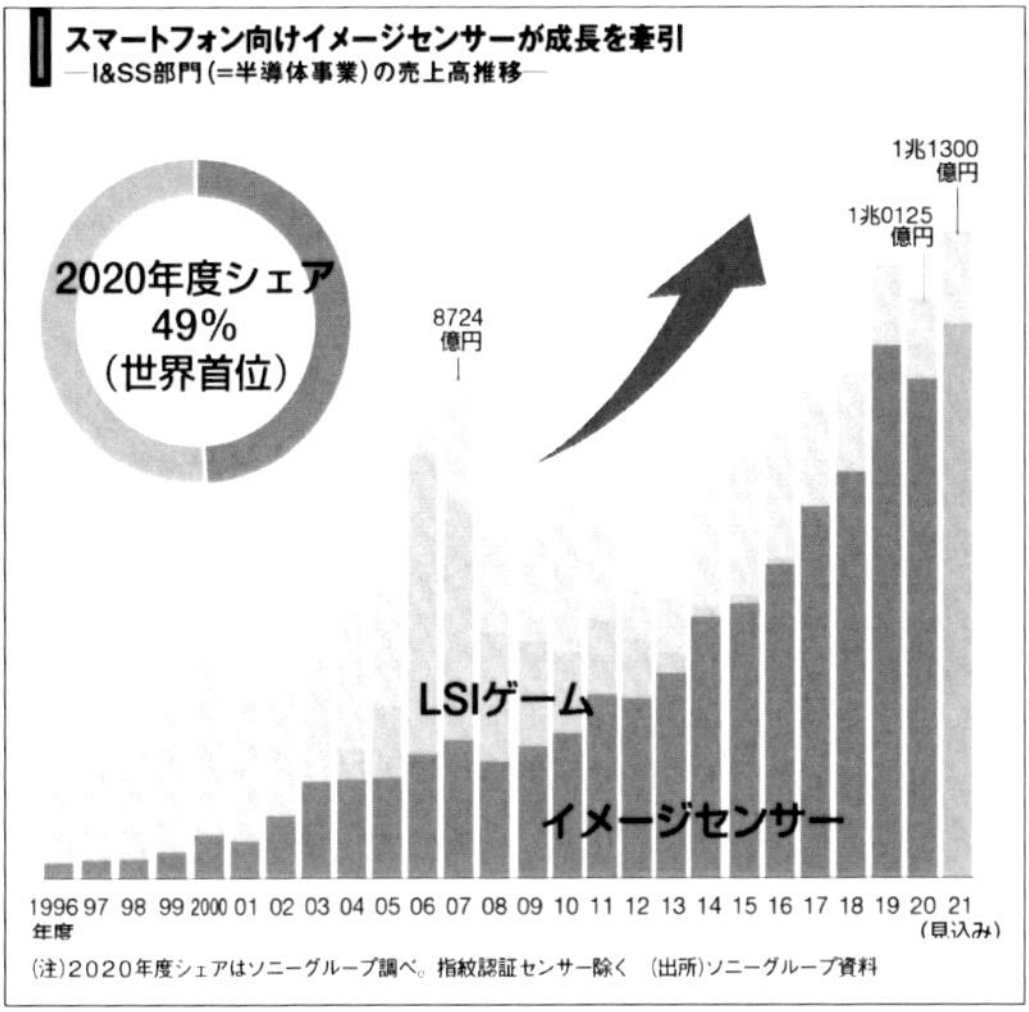
スマートフォン向けイメージセンサーが成長を牽引
―I&SS部門(=半導体事業)の売上高推移―
2020年度シェア
49%
(世界首位)
8724
億円
1兆0125
億円
1兆1300
億円
LSIゲーム
イメージセンサー
1996 97 98 99 2000 01 02 03 04 05 06 07 08 09 10 11 12 13 14 15 16 17 18 19 20 21
年度
(見込み)
(注)2020年度シェアはソニーグループ調べ。指紋認証センサー除く (出所)ソニーグループ資料

経産省からの熱視線

そんなソニーの半導体事業に、経産省が熱視線を送る。米中摩擦を背景とした経済安全保障の観点からテコ入れしようとしているのだ。経産省が21年6月に発表した「半導体・デジタル産業戦略」の目玉は、TSMC（台湾積体電路製造）を念頭に置いた先端ロジック半導体工場の日本への誘致だ。その一環として、ソニーがTSMCと合弁で工場を建設するという報道がなされ、一気に注目度が高まった。

5月末に開かれた経営方針説明会で、吉田社長は一般論と断ったうえで「半導体の安定調達は、日本の国際競争力を維持するために大事」と説明し、合弁工場建設について肯定も否定もしなかった。

イメージセンサーには、その情報を処理するためのロジック半導体が欠かせない。ソニーはセンサー部分を自社で製造する一方、ロジック半導体は大部分を海外の受託製造会社（ファウンドリー）から調達している。これを国内で調達できるならそれに越したことはない。そういった見方である。

だが、ソニーがＴＳＭＣと合弁工場を建設する可能性は高くはない。製造装置をはじめ半導体工場の設備は極めて高額だ。極端紫外線（ＥＵＶ）露光のような最先端工程でなくても、数千億円の投資が必要になる。その投資に見合う生産量を確保するのは難しい。ソニーの半導体子会社、ソニーセミコンダクタソリューションズの清水照士社長は「（ライバルとなる）ファウンドリーの工場は過去の投資の減価償却が済み、低コストで生産できるので、（ソニーの）新しい工場が競争力を持つには何らかのサポートが必要」と話す。

では、国からの潤沢な支援があればソニーは工場新設に踏み込むのか。「国からの関与があると自由度が下がる。ソニーはそれを嫌うのではないか」と、ある業界関係者は否定的に捉える。ソニーにとって必要なのは自社のセンサーを補完するロジック半導体であり、経産省が欲する先端半導体の工場とは異なる。そうしたミスマッチが解消されれば本格的な検討に進むが、そのハードルは高い。

自動車・AI向け狙う

ソニーはあくまでイメージセンサーへの注力を進める。主力のスマホ向けは、まだ若干のシェア拡大余地があるものの、韓国サムスン電子が急速に追い上げてきており、楽観できない。

そこでスマホ以外の用途への展開を狙う。例えば自動車向けだ。ADAS（先進運転支援システム）には、数多くのセンサーが搭載される。こうした用途では、集めた外部情報をAI（人工知能）などで処理することが求められるため市場拡大は確実だ。自動車だけでなく、工場の自動化や店舗の在庫管理といった省人化を目指す分野でも需要は広がる。ソニーが部門横断で開発した電気自動車「VISION－S」で得られた知見を生かしてリードを狙う。

ソニーは20年、センサーとAI処理機能を一体化した半導体を世界で初めて開発した。21年6月現在、商業施設の在庫管理用など54件の商談が進行中だ。清水社長は「規模はまだ小さいが、自動車向けなどを含めポテンシャルは大きい。確実に事業化して中長期の成長につなげたい」と話す。

21年3月期の業績は、販売価格の下落や中国ファーウェイ向けの一部出荷停止が響き、部門利益が前期比897億円減の1459億円と大きく落ち込んだ。大口顧客だったファーウェイがスマホ事業を大幅に縮小するため、22年3月期も同程度の利益にしかならない。特定顧客への依存度を下げるため新規顧客開拓を急ぐとともに、そうした顧客に認められる新技術の開発も強化する。その成果を見込み23年3月期以降、成長軌道に復帰するシナリオを描く。

ただ、技術開発のスピードが速く、経済安保の状況にも大きく左右されるのが半導体の世界だ。成長を持続するには、慎重かつ大胆な舵取りが求められる。


（高橋玲央）

海外アニメ市場を制覇せよ

中国・上海在住の20代男性会社員が語る。「アニメ好きの若者の間でアニプレックスは有名ですよ。『鬼滅の刃』と『フェイト』がとくに人気で、コンビニではグッズが並んでいる」。

ソニーミュージック傘下のアニプレックスが制作するアニメ「鬼滅の刃」は、日本や米国だけでなく中国でも、インターネット上の動画配信を通じて熱狂的な支持を得ている。

中国で、10~20代の若者を中心に2・2億人の月間ユーザーを誇るのが、動画配信サービスの「ビリビリ」だ。ユーチューブのようなユーザー投稿のオリジナル動画とともに、アニメ会社が公式に配信する動画も視聴できる。

ソニーは2020年4月、米国法人を通じてビリビリに4億ドル（約445億円）を投じ、資本業務提携を結んだ。4・98％とマイナー出資にとどまるが、アニメやスマートフォンゲームの配信、イベントなどで幅広くタッグを組んでいく。「（アニメなどは）中国政府から規制産業に指定されており、現地パートナーとの連携が必須」（ソニー）という事情もある。

中国では違法にアップロードされた海賊版アニメが跋扈（ばっこ）しており、公式アニメの収益化は難しい。ソニー側としては日本と同時配信することで、こうした流れを断ち切る考えだ。前出の男性は普段は海賊版でアニメを見ているが、「大好きな『フェイト』の配信が始まったときビリビリの有料会員になった。日本での配信と同時に視聴できるため、日本の友人と感想を言い合えた」と語る。ビリビリの有料会員費は月額15元（約250円）。会員数は約2000万人で、3四半期連続で増加中だ。

アニプレックスは09年の「鋼の錬金術師」から、アニメの世界同時配信に本腰を入れている。日本のアニメ会社の中ではいち早い。世界各国の配信サービスから得られるライセンス料は、今や同社の作品制作における重要な原資だ。

海外でのアニメビジネスは、現地の流通事業者に作品のライセンスを販売するのが基本だ。しかしアニプレックスの場合、2005年に米国支社、19年に上海支社を設立し、自ら配信・配給に乗り出している。

1222億円で買収

ビリビリだけではない。ソニーは20年12月、映画事業を通じて米クランチロールを1222億円で買収すると発表した。海外のアニメ配信大手で、200以上の国・地域に展開し、1億人のユーザーを擁する。17年にも米アニメ大手のファニメーションを買収している。

海外アニメ市場は19年時点で1・2兆円と、日本市場と同規模に拡大している。成長市場に乗ろうと、動画配信大手の米ネットフリックスも日本アニメの制作や配信を拡充する。ここでソニーが存在感を高めるには、熱狂的なアニメファンに刺さるコミュニティーを形成できるかが課題となる。

（印南志帆）

評価次第で給与に大きな差

入社1年目から「実力主義」

ソニーグループ社員の2021年度ボーナスは、基本給の7・0カ月分と、過去最高水準になることが今春の労使交渉で決まった。「ソニー中央労働組合」の要求額は6・9カ月分だったので、それを上回る支給額となる。

だが、高額ボーナスの恩恵は全社員が受けられるわけではない。

個人への評価によって業績給に大差

―評価別のボーナス支給例（2021年春闘の結果を加味した場合）―

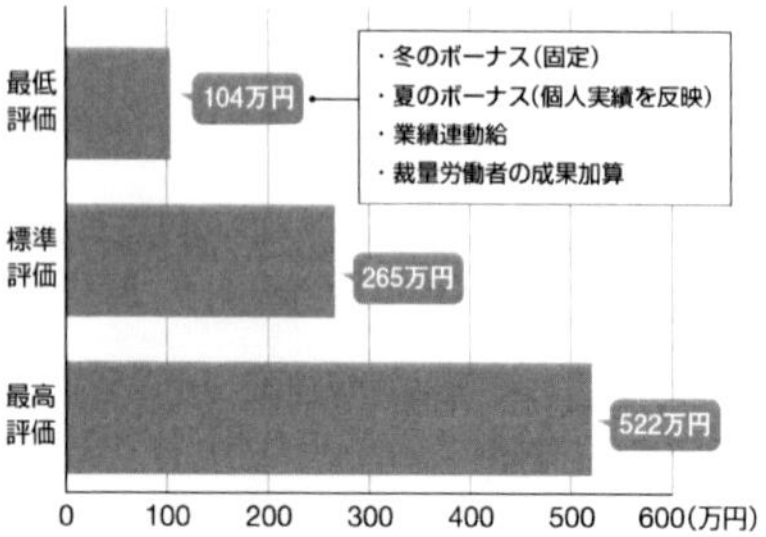

（注）ソニーグループの定めるジョブグレードにおける、I4の上級担当者（下から4番目のグレード、係長の手前）の場合。最低評価とは、標準評価を100%としたときに10%の場合、最高評価は同様に150%の場合

（出所）取材を基に東洋経済作成

入社1年目からジョブグレードが付される

―ソニーグループのジョブグレード制度―

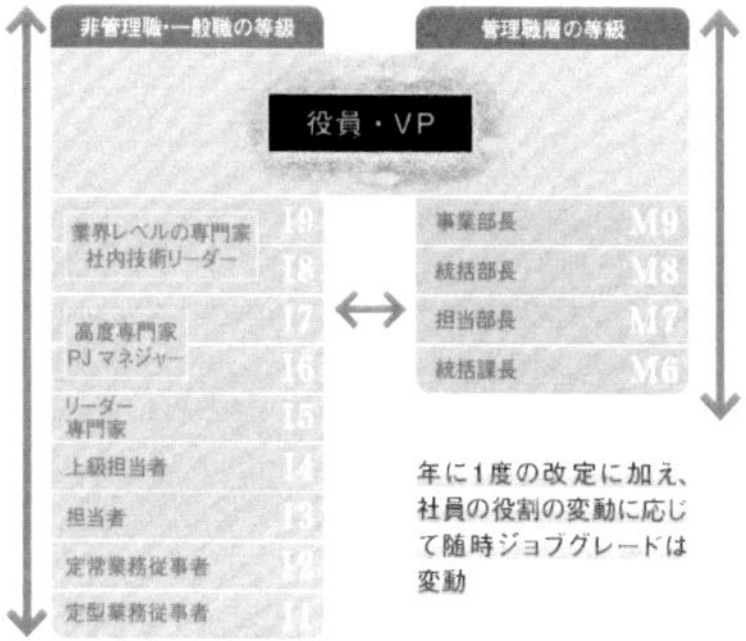

（出所）取材を基に東洋経済作成

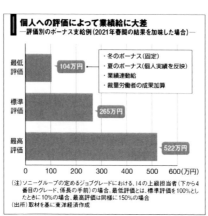

前図（上）は、係長の手前である「上級担当者グレード」の21年度ボーナスのモデル額。評価が「標準」の人の年間ボーナスは265万円だ。これに対し、評価が「最高」の人は522万円と、標準社員の約2倍もらえる。その一方で評価が「最低」であれば104万円と、標準社員の半分にも満たない。同じグレードであっても差は400万円を超える。

年間ボーナスは、①冬季賞与、②夏季賞与、③社員が属する事業の業績連動給、④社員の7割を占める裁量労働者の成果に応じた加算、という4つの要素で構成されている。このうち②と④は個人の評価が反映され、差の源泉となる。

個人に対する評価を重視し、支給額に大きな差をつけるのは、ソニーの人事制度に通底するもの。その象徴が15年に導入された、前図（下）のジョブグレード制度だ。

同制度は入社年次によらず、役割に応じて等級がつく。等級は、年1回の見直しに加え、状況に応じて随時変更される。等級が下がったり、管理職の等級から非管理職の等級へ移ったりすることもある。技術者などで高い専門性を持っていれば、管理職にならなくても役員と同格の等級まで昇格できる仕組みも新設された。

「一般的には30代後半で就く場合が多い統括課長（M6等級）に、20代後半で就くことも珍しくない」（グループ人事部の陰山雄平氏）という。過去には新規事業のスマートウォッチ「wena」を入社1年目に提案し立ち上げた對島哲平氏が、入社2年目で統括課長になった例もある。

徹底した実力主義ともいえるジョブグレード制度を、ソニーは優秀な人材を獲得するための呼び水にする。19年からは入社1年目の社員に対しても同制度の適用を開始し、等級による差をつけている。

個を重視する人事の考え方は、創業時にまでさかのぼる。創業者の井深大氏が起草した設立趣意書には「形式的職階制を避け、一切の秩序を実力本位、人格主義の上に置き個人の技能を最大限に発揮せしむ」とある。個の評価を徹底することで、革新的な製品やサービスの創出を狙う。

（印南志帆）

忍び寄る3つのリスク

電機業界の勝ち組とされるソニーだが、つい数年前までは7期中6期が最終赤字。栄華が永久に続くことはない。死角は何か。3つのリスクを検証する。

① ブランドを保てるか

ソニーは祖業であるエレキ製品に関して、「ブランデッドハードウェア」という概念を打ち出している。その心は、シェアや規模を追求せず、採算を重視して高価格戦略を取るという点にある。

東京都内の家電量販店。最新の48インチ有機ELテレビが並んでいる。ソニーの

「ブラビア」の価格は24万円強。同じ国内勢のパナソニックやシャープの製品より1〜3割ほど高い。スマートフォンでも最上位機種「Xperia 1マークⅢ」は15万〜18万円台とかなり高額で、米アップルの最上位機種「iPhone 12 Pro」の12万円前後を上回る。

いずれもソニーの技術を結集した最高品質を訴求し、購買力のあるソニーファンに支持されている。とくにスマホでは、認知度が低く採算の取れない地域からの撤退も果敢に行い黒字化した。結果、近年のエレキ事業は安定的に利益貢献している。

ただ、この戦略にも影が忍び寄りつつある。高額なソニー製品を現在買い支えているのは、子どもの頃からソニーのテレビやオーディオ製品に親しみ、「エレキのソニー」をよく知る人たちだ。そうした人たちが社会に出て購買力を持ち、「高いなりの価値がある」と感じて買い支えている。

しかし、ファンの高齢化は確実に進んでいる。「ソニー製品は高価格だが価値もある」というイメージは若い人たちの間には乏しい。ある大学教員は「学生にソニーのイメージを聞いたら『ソニー損保』と返ってきた」と苦笑いする。会社自体の認知度があってもAVメーカーとしてのブランド力には陰りが見えるのだ。

「ソニー製品は値段が高くて、そもそも選択肢に入らない」。10〜20代の若者にソニー製品を持っているか尋ねると、そう返されることが増えてきた。

好景気を知らない若年層は、値が張る高品質なものよりも、平均的な価格でそれなりの品質を求める「コストパフォーマンス重視」の傾向が強い。従来のコアなファンの深掘りは進んだが、所得の少ない若者が新たにソニー製品を持つのはハードルが高くなっている。

ブランド価値を評価する米インターブランドによると、ソニーのブランド価値は近年上昇傾向にあるものの、アップルや韓国のサムスン電子に水をあけられている。直近のアップルのブランド価値はソニーの27倍だ。実際に「スマートフォンはiPhoneしか買わない」という若者は多くても、「Xperiaしか買わない」という声は少ない。

将来、消費の中心となる若い層に対しても、エレキ製品やゲームなどでブランドイメージを浸透させなければ、今はうまくいっている採算重視の高価格戦略もそのうち先細りしてしまう。

米アップルのブランド価値はソニーの27倍
―ブランド価値の推移―

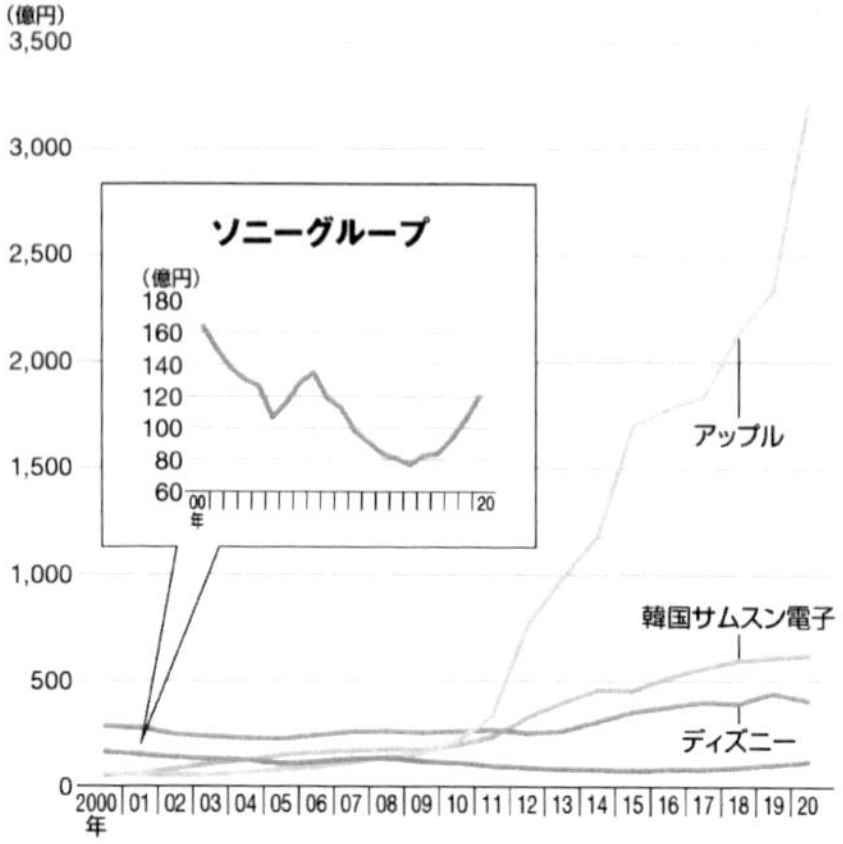

(出所)Interbrand "Best Global Brands"を基に東洋経済作成

ソニーのゲーム機は発売3~4年でピークを迎える
―各機種の年度ごとの販売台数―

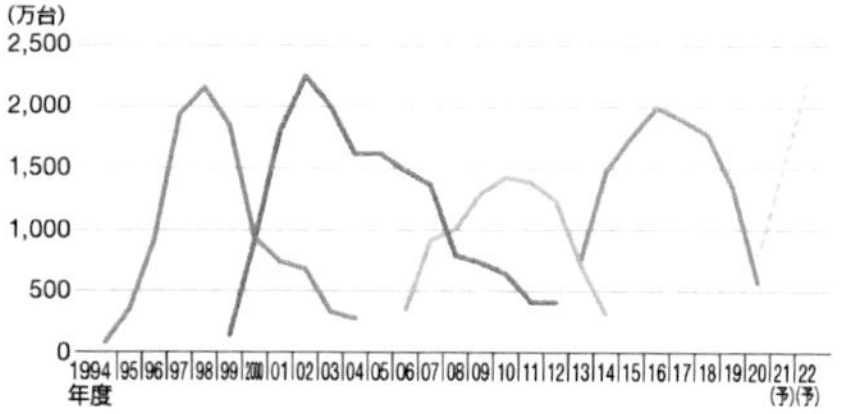

累計販売台数(万台) PS1 10,240 PS2 15,500 PS3 8,740 PS4 11,590 PS5 780

(出所)ソニーグループのIR資料

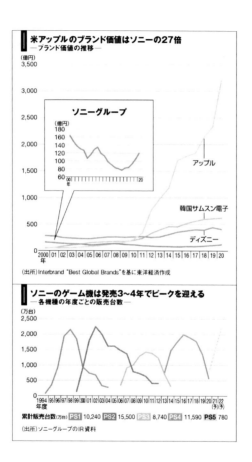

② 激変するゲーム市場

現在は稼ぎ頭のゲーム事業も、急速なトレンド変化が起こる可能性がある。最大の懸念はスマホゲームの浸透だ。5G（第5世代通信網）が整備され、スマホの性能は日進月歩。演算処理が高度化し、通信対戦やオープンワールド（仮想空間を自由に動き回ることのできるゲーム）といった複雑なゲームもスマホで遊べる。わざわざ専用機を買わなくてもゲームを楽しめる時代が迫っている。

こうした環境の変化はソニーも十分認識している。そのためにゲーム機販売に依存しないビジネスモデルをつくり出し、対応を進めてきた。

重要なのは、ファンの囲い込みだ。2020年11月に投入した「プレイステーション（PS）5」は、そうした問題意識から、先代のPS4との連続性を意識した仕組みを取り入れている。

PS4ソフトとの互換性を確保しただけでなく、新作ソフトのほとんどがPS4でもプレー可能で、PS5専用ソフトはまだ少ない。PS5を入手できていない消費者に配慮した結果であり、ゲーム子会社のジム・ライアン社長は「PS4は過去最長のライフサイクルを実現する」と説明する。ただ、年々厳しくなるファンの奪い合いの中で、囲い込み続けることは容易ではない。

初代「PS1」はユーザーの5割近くが24歳以下だったが、「PS4」や「PS5」で遊ぶのは30代がメインだ。ここでもエレキ同様、ファンの高年齢化が進んでおり、対応を迫られる時期が早晩来るだろう。

③ 不安定な半導体

DTC（Direct to Consumer：消費者との直接的つながり）を重視するのがソニーの戦略だ。その同社において唯一、BtoB（企業間取引）で稼いでいる主要事業が半導体だ。CMOSイメージセンサーは市場シェアの約半数を占める競争力のある製品。4月に長崎の工場を拡張したほか、熊本でも現在の工場に隣接する工業団地の取得を目指すなど積極的な投資を続けている。

だが、半導体事業には危うさも付きまとう。2020年9月、中国ファーウェイ向けの半導体輸出規制を米国が強化した。これによってソニーの半導体事業も大打撃を被り、同10月には21年3月期の部門営業利益予測を500億円近くも下げざるをえなくなった。また、アップル（iPhone向け）には、ファーウェイよりも多くの収益を依存しているとされる。特定顧客への集中はリスクで、ソニーは顧客基盤の拡大を急いでいる。

競争環境も楽観できない。半導体の関連特許を数多く握り、技術的な優位を保っているが、競合であるサムスン電子は半導体企業として世界トップレベルの規模を誇る。微細化などの先端技術では「（サムスンに）後れを取っている」（ソニー半導体子会社の清水照士社長）。高画質化ではソニーに一日の長があるが、巨大な投資競争を勝ち抜かなければならない半導体業界で、どこまで優位を保てるかはわからない。

ソニーはかつて半導体以外にも、液晶や化学、電池といったBtoB製品を扱っていた。技術的な競争力を持っていたにもかかわらず、経営再建の過程でそれらを次々と切り離していった歴史がある。

直近では半導体事業の売却を米ファンドから要求された。応じなかったが、DTC領域への投資を強化するソニーにとって、半導体が重荷になれば売却の可能性はゼロではないだろう。実際に業績が振るわなかった00年代には具体的な売却話もあったという。

イメージセンサーはカメラなどソニーの高性能製品を支える基幹部品であるだけに、ジレンマも付きまとう。「そんな簡単に割り切れることではない」。ある幹部はそう語る。

現在のソニーは各事業が満遍なく稼げている。だがそれも、赤字続きだった過去に選択と集中を進めた結果だ。ひとたび歯車が逆回転し始めたとき、どのように振る舞うか。その想定はつねに必要だ。

（佐々木亮祐、高橋玲央）

営業利益予測が数百億円規模で上下。ボラティリティーが高い

―I&SS部門(=半導体事業)の営業利益と同予測の推移―

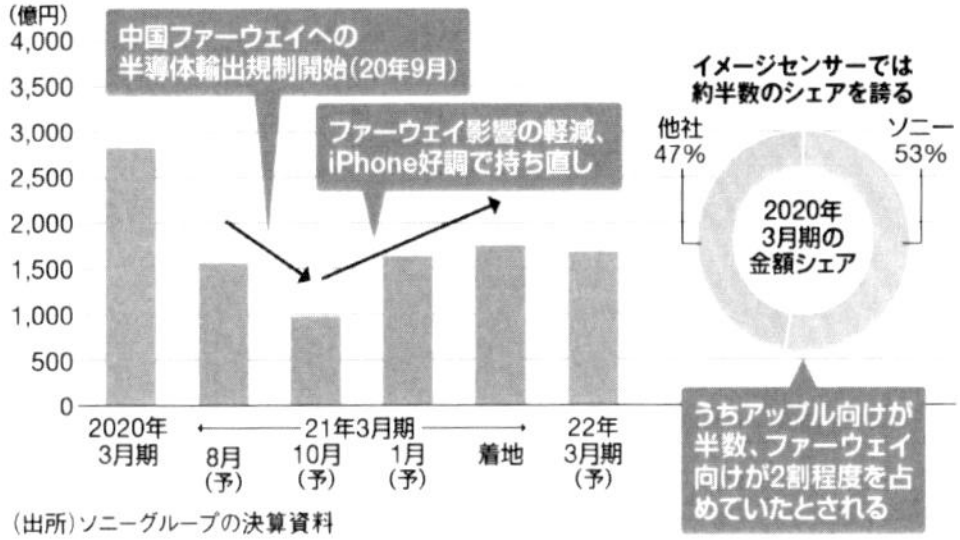

(出所)ソニーグループの決算資料

事業の切り離しも進めてきた

―主な撤退事業―

年月	事業	概要
2012年1月	**テレビ用液晶**	韓国サムスン電子との合弁を解消し、撤退
3月	**中小型液晶**	日立製作所、東芝とともにジャパンディスプレイ設立
9月	**化学事業**	日本政策投資銀行に譲渡
14年7月	**パソコン(VAIO)**	日本産業パートナーズに譲渡
17年9月	**電池**	村田製作所に譲渡

(出所)ソニーグループの決算資料

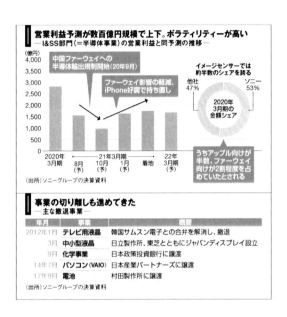

「ポスト吉田」は誰だ

ソニーの歴史を顧みれば、歴代社長は強烈な個性の持ち主ばかりだ。「自由闊達にして愉快なる理想工場」を掲げた創業者の井深大、盛田昭夫両氏。音楽やゲームなど、エンタメ事業の拡大で功績を残した「中興の祖」大賀典雄氏、ＩＴ時代への対応を打ち出した出井伸之氏など、その歴史は名物経営者に彩られている。

ソニーグループの歩みと歴代社長

年	主な出来事	代	氏名	在任（年）	在任期間
1946	東京通信工業設立	1	前田多門	1946～50	4年 6カ月
53	トランジスタラジオ開発				
		2	井深 大	50～71	20年 7カ月
68	CBS・ソニーレコード発足				
		3	盛田昭夫	71～76	4年 7カ月
79	ウォークマン初号機発売				
	画像センサー（CCD）商品化	4	岩間和夫	76～82	6年 2カ月
	生命保険事業に参入				
89	コロンビア映画を買収				
		5	大賀典雄	82～95 (89～95にCEO)	12年 7カ月
93	ゲーム事業に参入				
		6	出井伸之	95～2000 (99～05にCEO)	5年 2カ月
2003	ソニーショックで株価暴落	7	安藤国威	2000～05	5年 2カ月
		8	中鉢良治	05～09	3年10カ月
		9	ハワード・ストリンガー	09～12 (05～12にCEO)	3年
15	大規模リストラ実施	10	平井一夫	12～18	6年
21	純利益が過去最高の1兆円超え	11	吉田憲一郎	18～	現任

（出所）ソニーのホームページや有価証券報告書を基に東洋経済作成

彼らに比べると、現社長の吉田憲一郎氏はいささか地味にも映る。周囲からの印象は「まじめで正直。人の話をよく聞く」（元社外取締役）といったものが多い。「とにかく勉強熱心。疑問に思ったことをとことん突き詰めるし、その思考も深い」。吉田氏と交流のある経営学者はこのように評する。

吉田氏がソニーを率いて4年目に入った。この間、初の純利益1兆円超えを果たし、株価も2倍に上昇させた。出井氏以降の歴代社長の中で株価上昇率を比べると、平井一夫氏に次ぐ3位だ。

吉田氏は平井氏が社長2年目の2013年末、「会社再建を手伝ってくれ」と平井氏に請われて、社長を務めていたネット子会社のソネットからソニー本社へ呼び戻された。CFOに就任した14年からは改革の参謀役として活躍。吉田氏こそが「ソニー復活」の立役者だとの指摘も多い。実際に吉田氏が自らの業績を語る際には、平井社長時代に始まった12年の中期経営計画を起点にしている。「感動」や「人」を軸にした経営という現在の方向性も、このとき始まった。

社長就任後も、19年には米国のファンド、サード・ポイントから半導体と金融部門の切り離しを求められたが、これを拒否。逆に金融部門を完全子会社化し、社名も「ソニーグループ」に変更した。エレキ部門を他部門と同じレイヤーに置くことで、吉田氏曰（いわ）く「クリエーティブエンタテインメントカンパニー」への変容を進めている。

懐刀の十時氏が濃厚

これからのソニーはどこへ向かうのか。現在61歳の吉田氏は、社長就任年数こそまだ短いが、平井社長時代から数えれば8年も経営の中枢で奮闘してきた。安定的に好業績が出せるようになってきた今、後継者について具体的に考えていてもおかしくはない。吉田氏を支えるキーパーソンたちから「ポスト吉田」を占ってみよう。

まずは、吉田氏の懐刀とも評される副社長兼CFOの十時裕樹氏（56）だ。2002年に30代でソニー銀行を立ち上げ、「ソニーのクリエーティビティーを表している人材」（元社外取締役）と評される。

05年に移籍したソネットでは吉田氏と一緒に経営の指揮を執り、13年にともに本社へ復帰した。吉田氏の考えを最も理解するとされ、今の路線を継続するにはもってこいの存在だ。それゆえ「吉田氏と十時氏は似すぎていて違いがない」(元幹部)という指摘もある。

祖業であるエレキ事業では、一足早く世代交代があった。4月1日付でエレキ子会社のソニー株式会社社長にソニーモバイル副社長だった槙公雄氏(57)が就任したのだ。槙氏はデジカメ分野を長く務めた。モバイルではスマホ「エクスペリア」で「数を追わない、とがった製品でコアなファンを囲い込む」戦略を展開。赤字が続いていたモバイル事業を21年3月期に4年ぶりの黒字に復活させた。

その人物像は、「目標を決めたら強いリーダーシップで引っ張っていく」「技術に詳しく、商品への愛が強い」(エレキ事業社員)。ブランド力を高め、付加価値を売る戦略は、エレキのみならずグループ全体の戦略とも合致する。

最後に、「ソニーらしいとがった事業」を担うキーパーソンとして、AIロボティクスグループを率いる川西泉氏(58)も見逃せない。かつてプレイステーションのソフト開発を手がけ、AIロボティクスグループでは犬型ロボット「アイボ」を12年ぶりに復活させた。さらには電気自動車「VISION-S（ビジョンエス）」の開発を指揮する。4月にはグループ執行役員から常務に昇格した。「遊び心のある路線」（丸山茂雄・元ソニー・ミュージック社長）がソニーの本質だとすれば、川西氏のようなキーパーソンが重要になる。

かつて出井氏が14人抜きで社長になったように予想外の社長人事がありうるのがソニーだ。はたして吉田氏はどのように次世代のソニーを思い描いているのだろうか。

（高橋玲央）

「吉田社長のロジカルさは強みであり、最大の弱み」

早稲田大学ビジネススクール　教授・長内　厚

ソニー元社員で電機業界の経営戦略に詳しい経営学者、長内厚氏に、ソニーの今後の展望を聞いた。

――ソニーは複合企業であり続けるべきでしょうか。

パナソニックや東芝と異なり、ソニーは必需品をほとんど造っていない。生活に潤いを与えるビジネスが中心だ。それだけに商品の当たり外れが大きく、1つの商品や事業が全社収益の大半を決める仕組みだと、経営の不確実性が高まる。金融、半導体、ゲームなどを併せ持つ複合企業だからこそ、安定的な業績が出せる。事業間でシナジーがあればベターだが、シナジーがなくても複数の収益源を持っていることに意味がある。

これまでのソニーは、「エレキが本業」という自己暗示にかかっていて、エンターテインメントや金融の事業は傍流という位置づけだった。それが、傍流事業の経営経験がある平井一夫前社長、吉田憲一郎社長、十時裕樹CFO（最高財務責任者）の力によって変わってきた。リスクを抑えつつ持続的に運営していく解が、ようやく導き出された形だ。

――吉田社長に対する評価は。

非常にクレバーで、言動が首尾一貫している。経営学者である私には、吉田社長のやりたいことがよく理解できる。しかし、分析を仕事としていない社員にどこまで通じているのか。「人に近づく」という経営方針も、普通の人ではなかなか腑に落ちないだろう。ロジカルであることは吉田社長の強みではあるが、最大の弱みにもなる「両刃の剣」だ。

経営戦略を打ち出す際、必要最低限の情報しか出さないというのも課題の1つだ。ステークホルダーの中には物足りなさを感じている人もいる。十時CFOも吉田社長と似た性質だ。アドバルーンを揚げてもっとわかりやすく伝える相棒がいるとよいのだが……。

吉田社長は平井前社長のときから長く経営に携わってきた。ここ1～2年は力を蓄える時期だが、安定的な財務基盤ができ、多少の浮き沈みがあっても会社が潰れないようになれば、1つの区切りとなり、次世代のソニーはもっと自由に挑戦できるようになる。

――次世代の経営者候補は育っていますか。

優秀な役員や中間管理職をどれだけそろえられるかがソニーの長年の課題だ。トップが消去法で決まっているように見えるが、実際そうなのだろう。「ポスト吉田」は多くの人が予想していないような人が選ばれる可能性もある。

ただし、飛び抜けた能力を持つ人材は出やすいが、「体育の成績は5でも、ほかの科目は1」といったような人も多い。全社戦略を考えられるような経営の基礎能力を、底上げしていくべきだ。

そういう意味で対極にあるのがパナソニック。経営者を制度的に育成しているので、社長候補が豊富にいる。経営の最低条件を一通り学んでいるので、誰が就任しても経営の浮き沈みの幅は小さい。だが、個性が伸びないという課題がある。ソニーは個性を重視しつつ、経営者育成の仕組みを整える必要がある。

(聞き手・印南志帆)

長内　厚（おさない・あつし）

1972年生まれ。京都大学経済学部卒業後、97年にソニー入社。薄型テレビの立ち上げなどを担当。ソニーユニバーシティ（社内大学）と筑波大学大学院で戦略論、組織論を学びつつ、新規事業の商品戦略担当。2007年に博士号（経済学）取得後、研究者に転身。11年、早稲田大学大学院商学研究科の准教授着任。16年から現職。

ソニー株は〝買い〟か?

楽天証券経済研究所　チーフアナリスト・今中能夫

ソニーグループ株に対して、「買い」の判断を継続しながらも、今後6〜12カ月間(21年後半)の目標株価を1万3000円へ引き下げた(楽天証券投資ウィークリー2021年5月14日号)。それまでは過去最高値圏である1万6000円としていた。

下げた理由は、ゲーム事業の今後の見通しを下方修正したことだ。ソニーは4月28日の業績説明会で、20年11月発売のゲーム機プレイステーション(PS)5の当初販売台数見通しを「PS4以上」とした。つまり前21年3月期と今22年3月期の販売台数は、PS4の1年目と2年目(760万台と1480万台)以上としたのだ。より多くの販売台数を予想していた筆者はこの発表を受け、今後の見通しを引き下げざるをえなかった。

最高値圏1万6000円回復はいつ？

―ソニーグループの株価（月末値推移）―

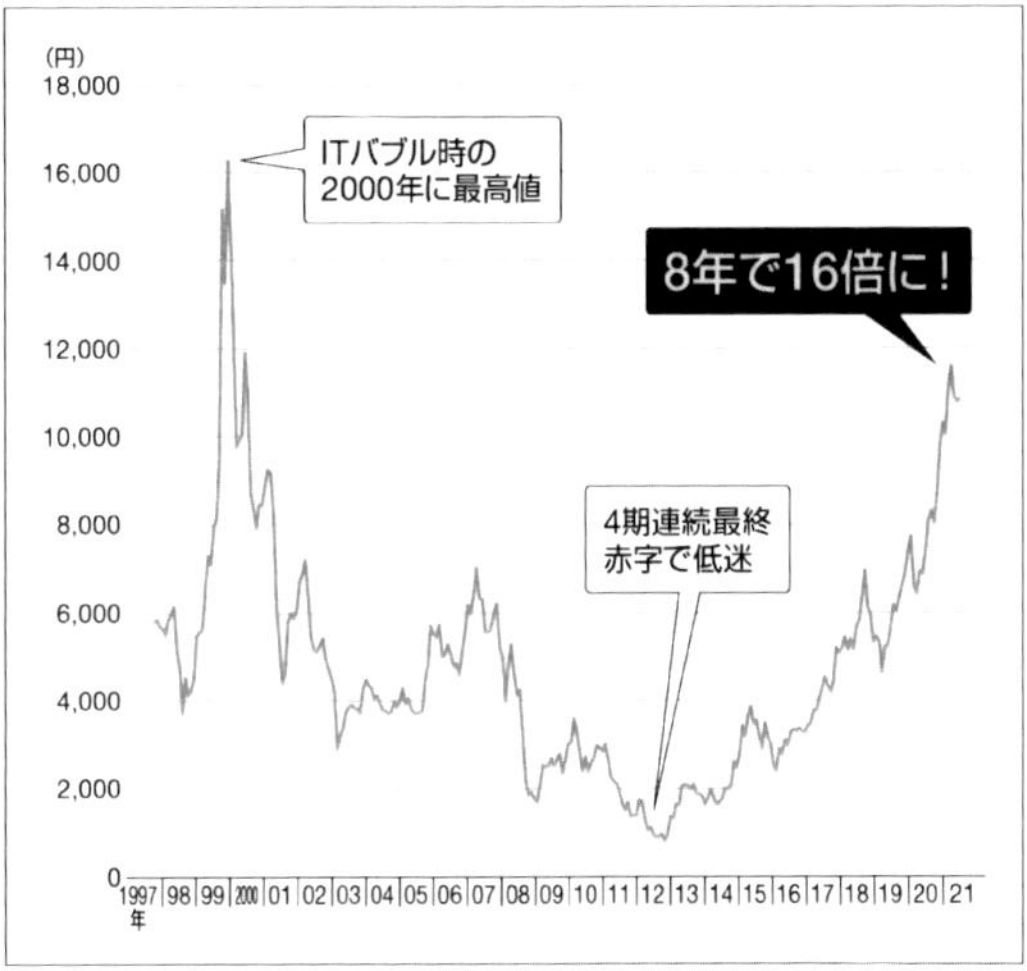

ここにソニーの弱みがある。すなわちソニーは、ハードウェアを大量に生産し、大量に販売する能力が十分ではないのだ。

確かにソニーはコンテンツ制作では卓越した能力を持っている。PS5の高い機能を生かしたゲーム、例えば「Marvel's Spider-Man : Miles Morales」のようなソフトが開発できるのは、現時点ではソニーを含む少数のゲームソフト会社のみだ。音楽も、傘下のソニー・ミュージックエンタテインメントに、世界の有力アーティストが数多く所属する。日本の乃木坂46、櫻坂46、日向坂46も大成功している。スマホゲーム「Fate／Grand Order」や、アニメ「鬼滅の刃」といった大ヒット商品にもソニー傘下の企業が関わっている。映画部門（ソニー・ピクチャーズ エンタテインメント）も今後に期待が持てる。ネットフリックスなど動画配信業者が増え、優良コンテンツの需要が増えているからだ。

しかし、ゲーム事業を拡大させるには、コンテンツ制作だけでは不十分だ。ハードウェア（家庭用ゲーム機）を大量に生産し、大量に販売する能力が必要になる。PS5の販売台数計画から見えてきたのは、ソニーにはその能力が欠けている、ということだ。

抽選でなければほぼ買えないほど人気のあるPS5の実需を考えれば、年間2000万〜3000万台生産しても完売すると思われる。しかし、生産能力が足りず、供給が追いついていない。ゲーム事業はソニーにとって最も営業利益が大きく、中核事業であるにもかかわらず、である。

問題の根本は、PS5について精度の高い需要予測ができていないことにある。PS5の重要な機能である「レイトレーシング」（ゲーム画面の光の表現を調節することによって実写に近い表現力を得る技法）が発表されたのは19年5月。そのときのユーザー層の反応をみれば、PS5がPS4よりはるかに大きい需要層を開拓できることはわかったはずだ。

それを踏まえ19年後半に、より多くの半導体生産を予約すべきだった。しかし、PS4並みの生産量しか確保していなかった。販売エリアも、日本、北米、欧州、アジアの一部に限定されたままだ。

こうしたメーカー機能の弱さはソニーの大きな問題点だ。これを軽くみることはできない。今後、PS5が失敗する可能性（少なくともPS4の累積販売台数約1億台に届かない可能性）についても検討しなければならない。

米国では所得水準が年々上昇しており、1台20万円以上する高性能ゲーミングパソコンを買える層も多い。皮肉なことだが、PS5が「レイトレーシング」機能のすごさを知らしめた結果、いつまでも入手できないPS5を待つ代わりに高性能ゲーミングパソコンを買ってしまうゲームユーザーが増える可能性がある。そうなれば、ソニーのゲーム事業は滞ってしまうかもしれない。

なぜ金融部門を持つのか

もう1つ、ソニーには問題がある。ハードにせよソフトにせよ、ソニーはクリエーティブな会社だ。ソニーの大きな強みは、ゲーム、音楽、映画というエンターテインメントの3大ビジネスをグローバルに展開している世界唯一の会社だ、ということにある。

であれば、ソニーが金融部門を持っているのはなぜなのか。金融にもクリエーティブな面はあるが、コンテンツやハードウェアのクリエーティブとは訳が違う。年間1000億円超の営業利益を稼ぐ金融部門を売却すれば数千億円の資金が手に入るだろう。それを半導体事業につぎ込む、あるいは、映画会社買収に使うという選択肢もあるのではないか。

ゲームに停滞懸念。金融部門は売却を

—ソニーグループのセグメント別業績動向（通期ベース）—

セグメント名		2020年（億円）	21年（億円）	22年（予 億円）	前期比（%）
ゲーム&ネットワークサービス	売上高	19,776	26,563	29,000	9.2
	営業利益	2,384	3,422	3,250	▲5.0
音楽	売上高	8,499	9,399	9,900	5.3
	営業利益	1,423	1,881	1,620	▲13.9
映画	売上高	10,119	7,588	11,400	50.2
	営業利益	682	805	830	3.1
エレクトロニクス・プロダクツ&ソリューション	売上高	19,913	20,665	22,600	9.4
	営業利益	873	1,341	1,480	10.4
イメージング&センシング・ソリューション	売上高	10,706	10,125	11,300	11.6
	営業利益	2,356	1,459	1,400	▲4.0
金融	金融ビジネス収入	13,077	16,689	14,000	▲16.1
	営業利益	1,296	1,646	1,700	3.3
全社	売上高	82,599	89,994	97,000	7.8
	営業利益	8,455	9,719	9,300	▲4.3

（注）各3月期。セグメント間取引消去などがあるため全社と合計は一致しない。2022年は会社予想。▲はマイナス
（出所）会社資料を基に楽天証券作成

金融を切り離したほうがよい理由はほかにもある。ソニーには今、6つの事業部門があるが、世界市場で圧倒的なトップの地位にある事業は少ない。その結果、ソニーには強力な敵が多い。ゲームでは任天堂、音楽ではユニバーサルミュージックグループ、映画ではディズニー、テレビと半導体ではサムスン電子、金融では日系大手生命保険会社や外資系生保である。事業部門を削減することで敵を減らし、ほかの重要部門に経営資源を集中できるのではないか。

ソニーには強みもあるが、重大な弱みもある。それらをどう克服していくか。その答えを示せなければ、株価が過去最高値圏を回復するのは難しい。

今中能夫（いまなか・やすお）

1961年生まれ。大阪府立大学卒業。岡三証券、コメルツ証券などを経て2005年から現職。

「ソニーのライバルは、元から松下ではなくバンダイでしょ」

ソニー・ミュージックエンタテインメント元社長・丸山茂雄

レコード会社・EPICソニーやプレイステーションなどを立ち上げ、ソニーのエンターテインメント事業拡大の立役者となったのが「丸さん」こと丸山茂雄氏だ。エンタメ事業の源流について聞いた。

――傍流だったエンタメ事業は今、全社利益の6割を稼いでいます。

あらかじめ言っておくが、ソニーを引退した俺が話すことは、元プロ野球選手が後輩のことをああだこうだ言うのに近い。およそ当たっていない。その前提で聞いてもらうと、俺はソニーで幸せな数十年を過ごすことができた。なぜなら（ソニー創業者で）大明神の井深大、盛田昭夫らが「勝手にやっていいよ」と言ってくれたから。そのおかげで立ち上げたビジネスがうまくいき、幸せに引退できた。

じゃあ何で俺は（自分のやりたいことを）やらせてもらえたのか。ここが大事なところ。ソニーのエンタメ事業の特徴は「放任と撤退」なんだよ。その成果が今、花開いてきた。

――「放任と撤退」ですか。

うん、俺はソニーで放任してもらったわけ。ほかにも何人か放任されている人がいるんだよね。彼らは好き勝手なことをやって「あ、うまくいかないな」と思ったら撤退する。

今のソニーの好業績と、松下（現パナソニック）の七転八倒を比較して考えたのがこの言葉だ。

松下やシャープは「選択と集中」を進めてきたが、集中というのは上層部が決めたことを下ろして、事業をスリム化することでしょ。

ソニーの撤退も、スリム化するという意味では同じだが、中身が違う。ソニーの場合、何かを始めるとき上層部がうるさく言わない。その代わり、うまくいかなかったら上から命じられるまでもなく自ら撤退する。もちろん製造業と違って固定費がさほどかからないコンテンツだからできることだが。

――EPICソニーを設立したときも「放任」でしたか。

そうそう。1968年にCBSソニーができたときも(CBSソニー初代社長の)大賀典雄さんが手綱を握ったのは最初の3~4年だけ。あとは好きにやらせてくれた。EPICの設立(78年)を任されたときも、「つくれ」で終わり。

とはいえ、ヒット曲が出るまで1年かかった。当時の俺はナンバー2で、トップから「ヒットが出ていない、どうするんだ」とハッパをかけられたが、俺はそれほど追い詰められてはいなかった。いざとなれば親会社が何とかしてくれる、という安心感があった。

エンタメ各社に音楽人材

――アニメ事業も、音楽事業の出身者が立ち上げました。

アニプレックスはソニーミュージック出身の白川隆三がつくった。彼はもともと俺と一緒に営業をやっていた人で、ディレクターになって歌手の太田裕美を担当していた。そんな彼がある日、盛田さんと大賀さんからこう言われた。「映画会社を買ったから。実写は無理でもアニメは作れるだろう」と。大賀さんは出張で頻繁に飛行機に乗っていて、機内で宮崎駿監督のアニメを見た。そして「アニメなら何とかなりそうだ」と思ったらしい。

――なかなか無謀な……。

白川も「そんなに簡単にできるわけがない」と、イチから勉強した。長尺の劇場版をいきなり作るのは大変だからまずはテレビアニメから。原作の提供は集英社にお願いし、アニメの放送枠はフジテレビを押さえた。ここは俺も手伝ってね。そうして初めてできたアニメ作品が『るろうに剣心』だ。

ただ、社内にはプロのアニメプロデューサーがほぼいない。そこで、映像を志す若者向けの養成講座を開くことにした。そこに応募して選ばれた数名のうちの1人が、今のアニプレックス社長でヒットを連発している岩上敦宏だ。岩上さん自身はアニメより実写に関心があったが、最終的にアニプレックスに入社してくれた。

（インターネットサービスプロバイダーの）ソネットが設立されたときも、コンテンツを作るためにソニーミュージックからたくさん人がいった。（衛星放送の）スカパーを始めたときも、人を出せ、出せと言われた。ただ、異動する当人は音楽をやりたくて就職したわけだから、皆すぐ帰りたがる。

――ソニーミュージック出身者のどのような能力が音楽以外のエンタメ事業で生かされたのですか。

一緒に仕事をするアーティストは、もともと全員新人でしょ。誰が売れるかわからない。売れた人だけチヤホヤしていると、別の人が売れたときに、しっぺ返しが来る。

だから、歌手や著作者とは、誰とでも丁寧にお付き合いしなくてはいけない。そのことが身に染み付いている。

プレイステーションを作ったとき、（ソフトを開発する）ゲーム会社を回ると、プライドの高いソニー本社の出身者と異なり、ソニーミュージック出身者はクリエーターに対する腰が低いのよ。それがよかった。

――エレキとエンタメの社風は今も異なります。どちらが本来のソニーのDNAなのでしょう。

井深さんは、ソニーの設立趣意書で「自由闊達で愉快なる理想工場」を作れといっている。エレキ命とは書いてないよ。愉快であれば、エレキでも金融でもいい。

最近、ソニーが電気自動車を発表したよね。担当役員の川西泉は、もともとプレステ部門にいたソフトエンジニアなの。俺がいたときいちばんの若手で、面白いやつだったな。技術者の中でも精神的にはエンタメの人間に近いから、遊び心満載で賢ぶってない。ソニーが本気で自動車に参入するかはまだわからないが、まず川西を放任して、不調なら撤退すればいい。
　俺はソニーのエレキ出身者に会うたびに「ソニーは本当に世界に冠たるエレキの会社だったのか？」とからかう。「違うだろう？　ソニーのライバルは松下じゃなくてバンダイでしょ、ソニーは高級おもちゃ屋でしょ」って。その言葉に（エレキ出身の人は）99％、逆上するけどね。

（聞き手・前田佳子、印南志帆）

丸山茂雄（まるやま・しげお）
早稲田大学商学部卒、読売広告社を経てCBS・ソニーレコード（当時）入社。小室哲哉氏のマネジャーを務めた。1998年にソニー・ミュージックエンタテインメント社長。93年から2007年までソニー・コンピュータエンタテインメントで会長などを歴任。トゥー・フォー・セブン代表取締役。

【週刊東洋経済】

本書は、東洋経済新報社『週刊東洋経済』2021年7月17日号より抜粋、加筆修正のうえ制作しています。この記事が完全収録された底本をはじめ、雑誌バックナンバーは小社ホームページからもお求めいただけます。

小社では、『週刊東洋経済eビジネス新書』シリーズをはじめ、このほかにも多数の電子書籍ラインナップをそろえております。ぜひストアにて「東洋経済」で検索してみてください。

『週刊東洋経済eビジネス新書』シリーズ

No.358　事業承継　M&A

No.359　テスラの実力

No.360　定年消滅

No.361　激動の半導体

No.362　不動産　勝者と敗者

No.363　弁護士業界　最前線
No.364　ＹｏｕＴｕｂｅの極意
No.365　デジタル大国　中国
No.366　地銀　大再編
No.367　おうちで稼ぐ！
No.368　老後マネーの育て方
No.369　製薬　大リストラ
No.370　リスクシナリオ　２０２１
No.371　富裕層マル秘マネー学
No.372　コロナ時代の新住宅事情
No.373　日立・三菱重工の岐路
No.374　脱炭素サバイバル
No.375　郵政崩壊
No.376　脱・ストレスの処方箋

No.377　働き方と経営の法律
No.378　コロナ倒産危機
No.379　車載半導体　争奪戦
No.380　マルクス vs. ケインズ
No.381　医療テック最前線
No.382　漂流する東芝
No.383　不動産投資　光と影
No.384　コンサル全解明
No.385　大転換の商社ビジネス
No.386　会社とジェンダー
No.387　全解明　経済安全保障

週刊東洋経済eビジネス新書　No.388
ソニー　掛け算の経営

【本誌（底本）】
編集局　高橋玲央、佐々木亮祐、印南志帆
デザイン　熊谷直美、杉山未記、伊藤佳奈
進行管理　下村　恵
発行日　２０２１年７月１７日

【電子版】
編集制作　塚田由紀夫、長谷川　隆
デザイン　市川和代
制作協力　丸井工文社
発行日　２０２２年３月２４日　Ver.1

発行所　〒103-8345
東京都中央区日本橋本石町1-2-1
東洋経済新報社
電話　東洋経済コールセンター
03（6386）1040
https://toyokeizai.net/
発行人　駒橋憲一

電子書籍化に際しては、仕様上の都合などにより適宜編集を加えています。登場人物に関する情報、価格、為替レートなどは、特に記載のない限り底本編集当時のものです。一部の漢字を簡易慣用字体やかなで表記している場合があります。本書は縦書きでレイアウトしています。ご覧になる機種により表示に差が生じることがあります。

※本刊行物は、電子書籍版に基づいてプリントオンデマンド版として作成されたものです。